普通高等教育“十一五”国家级规划教材
普通高等教育“十二五”国家级规划教材
普通高等教育“十二五”住房城乡建设部规划教材
住房城乡建设部土建类学科专业“十三五”规划教材
普通高等学校土木工程专业新编系列教材
本书曾获第五届全国高校出版社优秀畅销书一等奖
本书的配套课件曾获第五届全国高校计算机课件评比优胜奖

中国土木工程学会教育工作委员会　审订

土木工程制图习题集

（第6版）

主　编　何铭新　李怀健
副主编　张　斌
主　审　谢步瀛

武汉理工大学出版社
武　汉

内 容 提 要

本习题集与配套的《土木工程制图》教材是普通高等学校土木工程专业新编系列教材中的两册，由普通高等学校土木工程专业新编系列教材编审委员会组织编写，并由中国土木工程学会教育工作委员会审订。

本习题集是在原第5版基础上，根据“土木工程制图”课程的核心知识点，以及适应本课程的教学改革的趋向而修订的。本书的内容包括：制图的基本知识和基本技能，点、直线、平面和平面曲线的多面正投影，投影变换，平面立体、曲面、曲面立体、空间曲线的多面正投影，平面、直线与立体相交以及两立体相交，轴测投影，标高投影，组合体的多面正投影和组合体的构型设计，表示工程形体的图样画法；钢筋混凝土构件图和钢结构图，房屋的建筑施工图和结构施工图，给水排水施工图，道路、桥梁、涵洞、隧道工程图等。

本习题集可作为高等学校土木工程专业本科（涵盖建筑工程、道路与桥梁工程等方向）和给水排水工程专业本科或其他相近专业的“土木工程制图”课程的教材，也可供其他类型的学校（如职工业余大学、函授大学等）有关专业使用。此外，与本习题集配套的助教、助学课件也同步修订，可按需向武汉理工大学出版社索取。

图书在版编目(CIP)数据

土木工程制图习题集 / 何铭新，李怀健主编. 6版. -- 武汉 ：武汉理工大学出版社，2025. 1. --ISBN 978-7-5629-7290-7

Ⅰ. TU204-44

中国国家版本馆CIP数据核字第2024FQ2079号

项目负责人：高　英　汪浪涛

责任编辑：王品品

责任校对：祝铭蔚

排　　版：芳华时代

出版发行：武汉理工大学出版社

社　　址：武汉市洪山区珞狮路122号

邮　　编：430070

网　　址：http://www.wutp.com.cn

印　　刷：崇阳文昌印务股份有限公司

经　　销：各地新华书店

开　　本：889×1194　1/8

印　　张：13

字　　数：218千字

版　　次：2025年1月第6版

印　　次：2025年1月第1次印刷

印　　数：265701—268700册

定　　价：34.00元

凡购本书，如有缺页、倒页、脱页等印装质量问题，请向出版社发行部调换。

本社购书热线电话：(027)87664138　87523148

第 6 版前言

本习题集是在 2021 年出版的《土木工程制图习题集》(第 5 版)的基础上，按教育部发布的《普通高等学校本科专业类教学质量国家标准》(土木类专业教学质量国家标准)、教育部工程图学教学指导委员会制定的《普通高等院校工程图学课程教学基本要求》、住房和城乡建设部高等学校土木工程学科专业指导委员会颁布的《高等学校土木工程本科指导性专业规范》推荐的“土木工程制图”课程的核心知识点，以及当前正在实施的与本课程有关的制图标准和设计规范，并适应我国土木工程中正在推行的图示方法和各校对本课程的教学改革趋向，配合与本习题集配套的《土木工程制图》(第 6 版)出版而修订。本书第 1 版曾获同济大学第八届优秀教材奖；第 2 版获第五届全国高校出版社优秀畅销书一等奖；第 3 版被评为普通高等教育“十一五”国家级规划教材，与习题集配套的多媒体课件于 2009 年在第五届全国高等学校计算机课件评比中获优胜奖；第 4 版被评为普通高等教育“十二五”国家级规划教材、普通高等教育“十二五”住房城乡建设部规划教材；本版被评为住房城乡建设部土建类学科专业“十三五”规划教材。

为了便于教学，本习题集内容的编排顺序与配套的教材一致。由于各校在对本课程的教学时数和内容要求安排上不完全相同，所以在教学中，教师或读者可以根据需要和学习进度，对本习题集中的习题作业和专业面做内容增减、次序先后调整。作业中的汉字应写成长仿宋字、数字与字母用标准字体，习题集中虽然删去了相关字体练习页，但仍需要求学生在平时按照教材讲述的方法加强练习。

当前有较多学校已不要求学生在完成本课程的绘图作业时画上墨图，但是若有一些学校根据自身发展需要，觉得仍有必要绘制少量上墨作业，教师可指定本习题集中的部分铅笔加深或将计算机绘图的作业改为上墨的作业。当然，教师也可以指定学生在完成习题集中部分铅笔加深作业的同时要求学生完成其计算机绘图和建模练习。

本版习题集由何铭新、李怀健担任主编，张斌担任副主编，由普通高等学校土木工程专业新编系列教材编审委员会委托同济大学谢步瀛教授审阅。制图的基本知识和基本技能，点、直线、平面和平面曲线的多面正投影，投影变换，平面立体、曲面、曲面立体、空间曲线的多面正投影，平面、直线与立体相交以及两立体相交，轴测投影，标高投影，组合体的多面正投影和组合体的构型设计，表示工程形体的图样画法由同济大学何铭新编写；钢筋混凝土构件图和钢结构图，房屋的建筑施工图和结构施工图，给水排水施工图由同济大学李怀健编写；道路、桥梁、涵洞、隧道工程图由长沙理工大学张斌编写；分插在习题集各处的计算机绘图内容由陈星铭编写。

随着第 6 版教材与习题集的修订，与本版教材及习题集配套的助教、助学的课件由同济大学李怀健做了相应的修订，需要者可向出版社索取。由于编者们水平所限，本习题集中难免有不妥和疏误之处，欢迎读者批评指正。

编　者

2024 年 7 月

目　录

1. 填充题。

(1)在制图作业中，基本线宽为b，图框线和标题栏外框线的线宽用________，标题栏分格线的线宽用________。

(2)图样的线型和线宽按规定的用途选用，图样的一个线宽组有b:______ b:______ b:______ b 的线宽比。

(3)工程图样中说明的汉字，宜采用________字或________体。

(4)图样的比例是指图形与实物相对应的________之比。

(5)图样上的尺寸应包括________、________、________和________。

(6)如果图线要穿过尺寸数字，应将尺寸数字处的图线________。

2. 作正多边形和椭圆。

(1)作外接圆直径为50mm的正六边形。

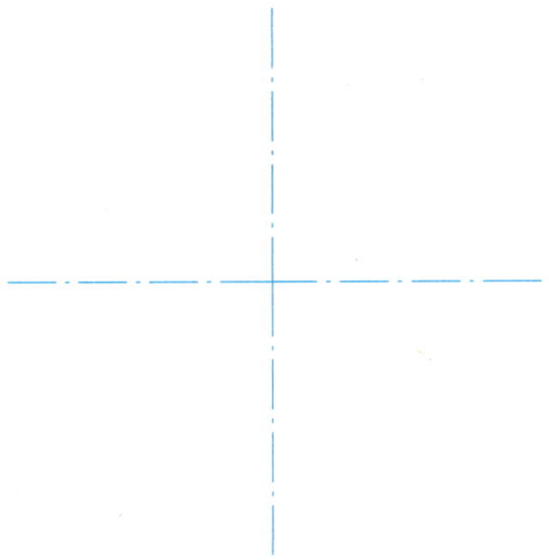

(2)用四心圆法作水平放置的长轴为50mm、短轴为35mm的近似椭圆。

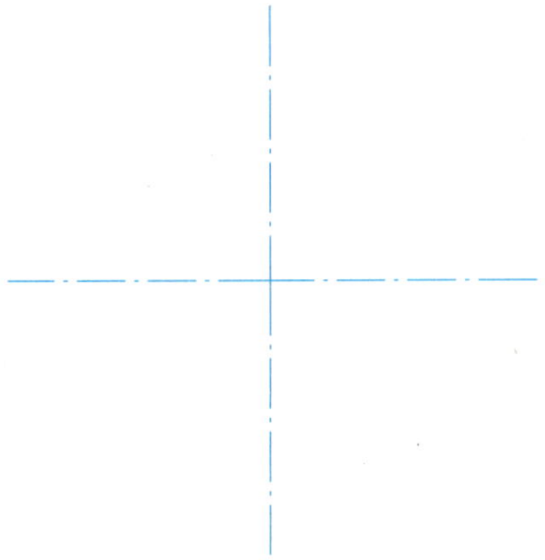

3. 已知两直线段、一直线段和一圆弧段、两圆弧段，要求以半径$R=12$mm的圆弧分别光滑地将它们连接，将从点A到点B的作图结果画成粗实线，用字母O标明连接弧的圆心，用字母M、N标明它们的切点。保留全部作图线。

(1)

(2)

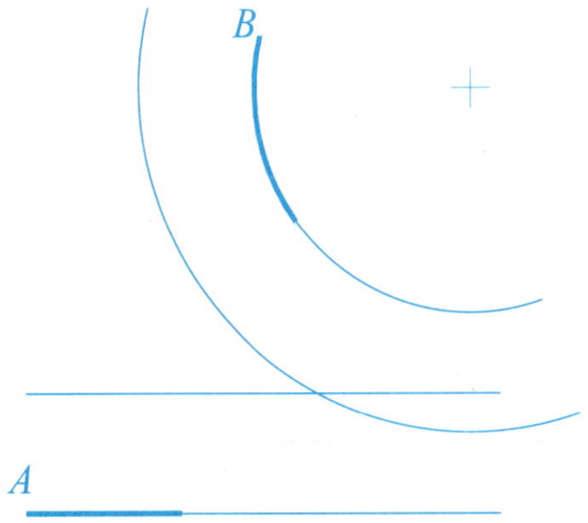

(3)

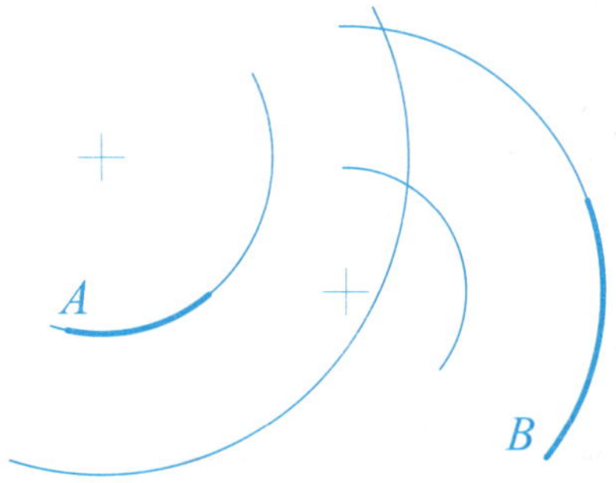

4. 将图中的错误改正后，在其下方重新按图中的尺寸数值（单位为mm）和1∶1的比例绘制这个平面图形，并标注尺寸。

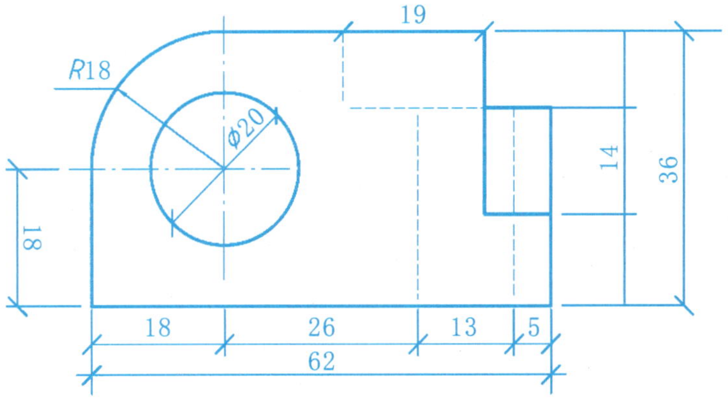

5. 根据图形的比例，在尺寸线上注明尺寸数字。

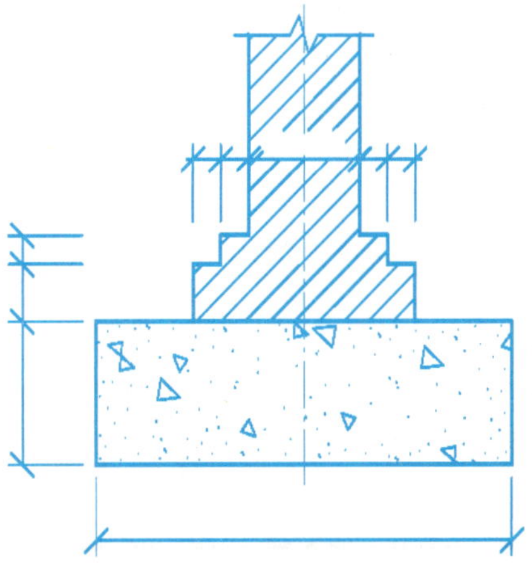

基础 1:20

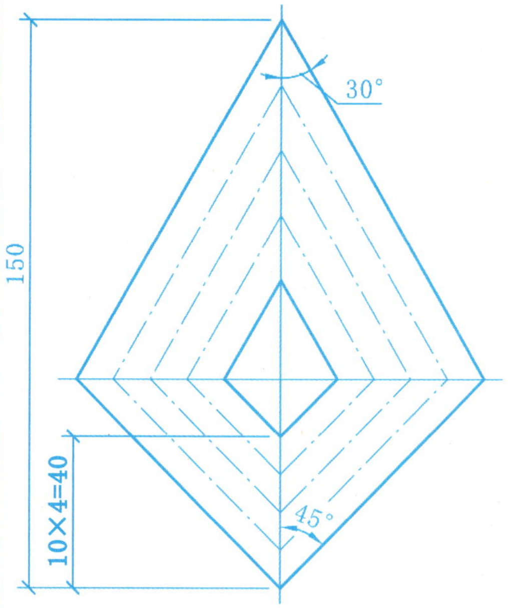

直线连接 1:1

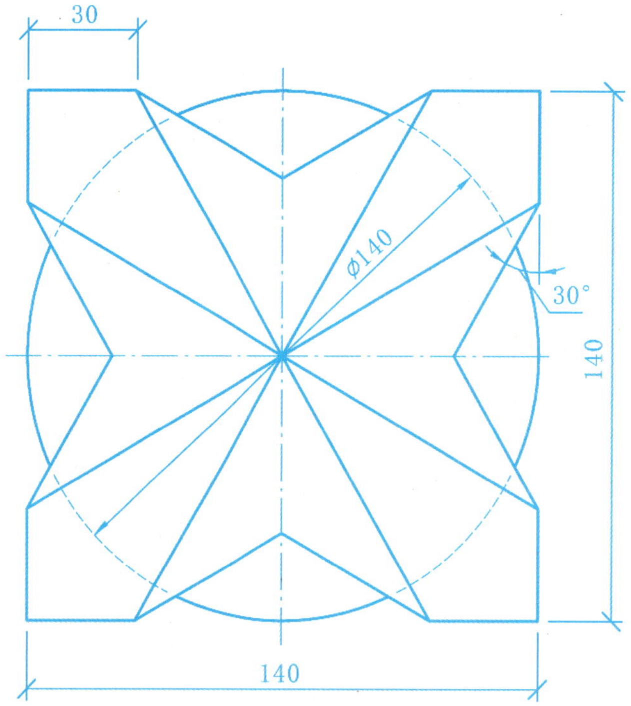

直线和圆 1:2

星形图案 1:1

提示：在直径为70mm的圆内，每隔30°画一条直径后，对照图样即可完成作图。

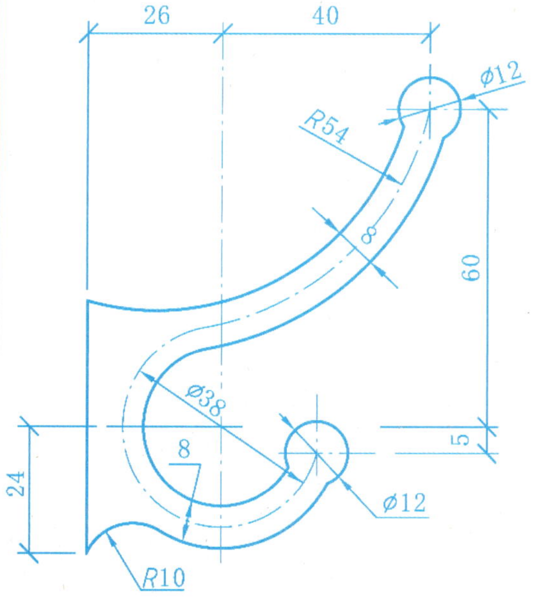

衣帽钩 1:1

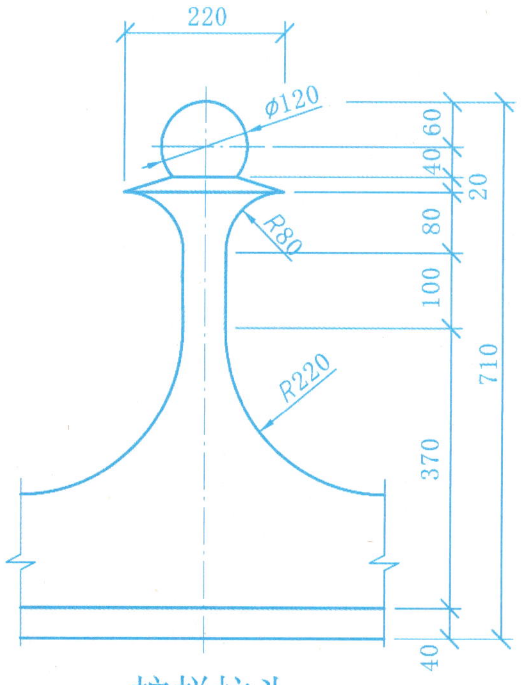

护栏柱头 1:10

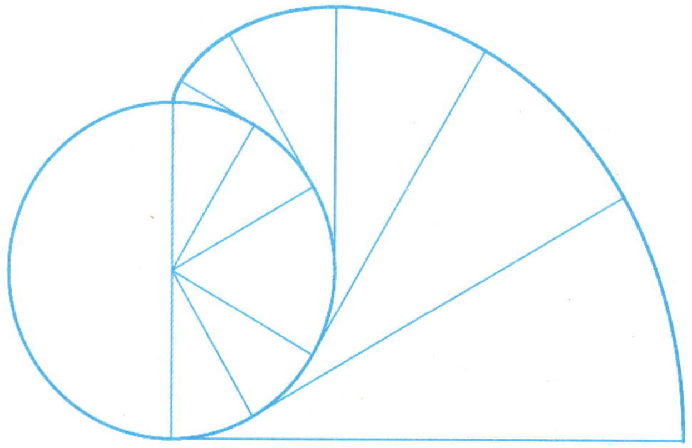

圆的渐开线 1:1

提示：拉紧围在直径为40mm的圆柱上的绳索的一端，形成圆的一系列切线，绳索端点的轨迹即为圆的渐开线。

作业　几何作图

一、图名

几何作图。

二、目的

1. 熟悉制图的基本规格。

2. 掌握正确使用绘图仪器和工具的方法，以及绘制铅笔图的技能。

3. 练习几何作图和平面图形的尺寸标注。

4. 初步掌握AutoCAD绘图软件的基本用法和二维绘图的上机操作技能（对本课程不含计算机绘图基础的学生无此要求）。

三、图纸

A3图纸。

四、内容

按图中指定比例，抄绘左侧的六个图形，用铅笔加深。由教师指定是否用计算机再绘制并打印。

五、要求

1. 作图准确，图面布置匀称，直线与直线、直线与圆弧、圆弧与圆弧的交接位置准确。绘铅笔图时，凡是圆弧与其他图线相连接时，在底稿图上用轻淡的稿线标明圆弧的圆心和切点位置，加深后再轻轻擦去。

2. 建议粗实线宽为0.7mm，尺寸起止符号的斜短画线宽为0.5mm，中虚线宽为0.35mm，细实线、细单点长画线、尺寸线和尺寸界线宽为0.18mm。绘铅笔图时，底稿图经校核后，应清理图面，然后再加深。加深后，图上的各种图线粗细分明，同种线型的宽度保持一致。

3. 图名用7号长仿宋字体，比例用5号字，尺寸数字用3.5号字。图中的提示仅供参考，不要书写在作业图中。

4. 用计算机绘制本作业时，学生应熟悉各种命令和辅助工具，准确定位，并加快绘图速度。

1. 按照立体图作诸点的三面投影。

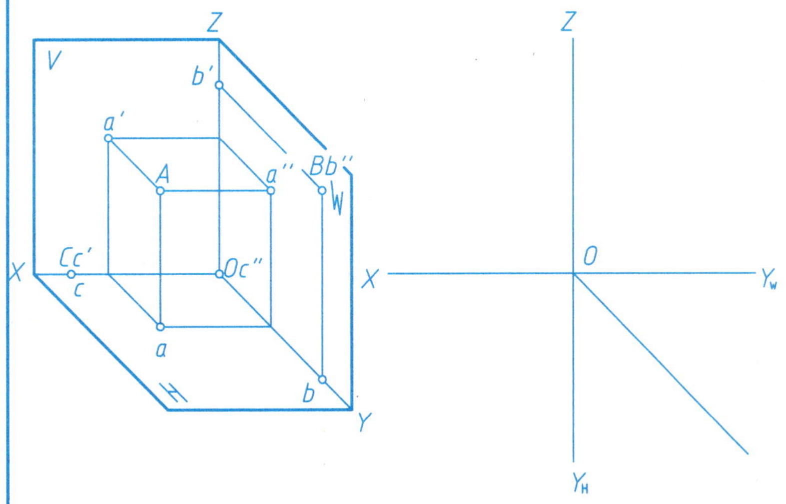

2. 已知点A、B、C、D 的两面投影，作出各点的第三面投影，并写出这些点的位置（如空间点、哪个投影面上的点、哪条投影轴上的点等）。

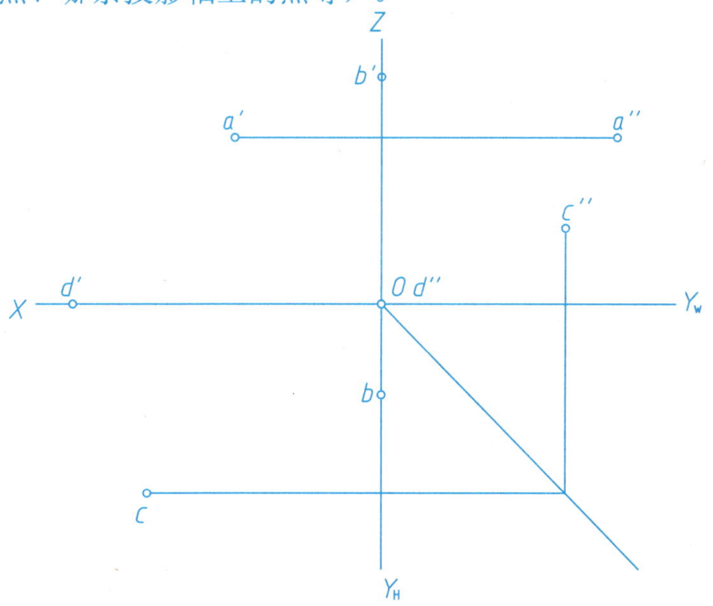

点	A	B	C	D
位置				

3. 作出诸点的三面投影：点A（25，15，20）；点B距离投影面W、V、H分别为15mm、7mm、15mm；点C在A之左10mm、A之前15mm、A之上12mm。

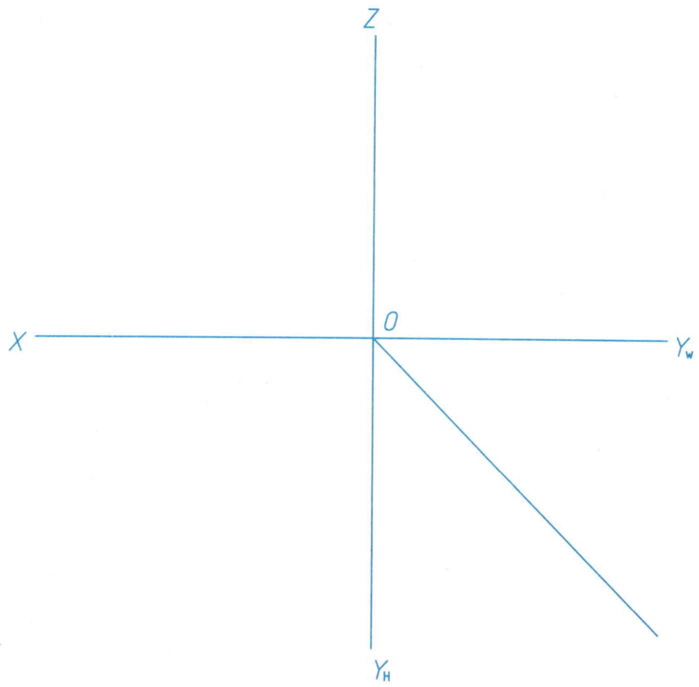

4. 已知点A与W面的距离为20mm；点B距点A 12mm；点C与点A是对V面的重影点，在点A的正前方15mm。补全诸点的三面投影，并表明可见性。

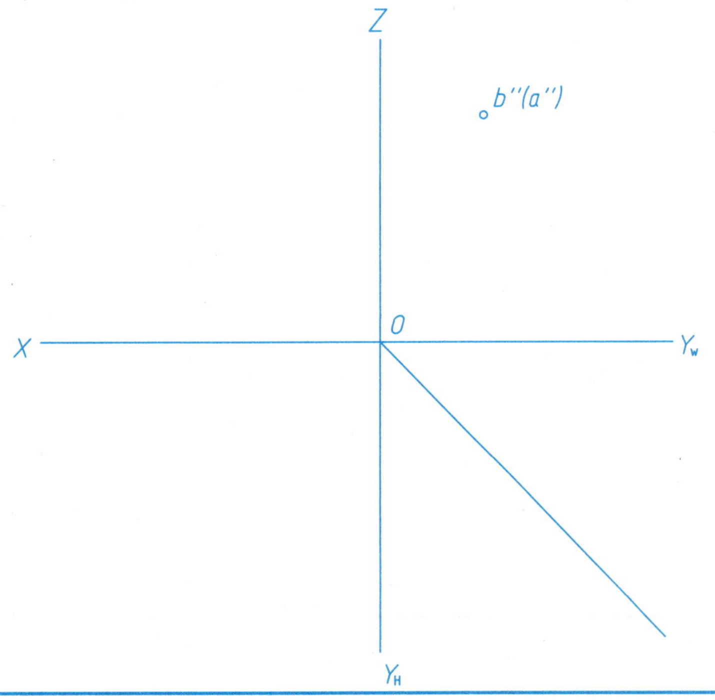

5. 已知点A与H面、V面等距；点B在V面上，且与点A是对V面的重影点；点C在A之右45mm、A之后15mm、A之下10mm。作出点A的水平投影，以及点B、C的两面投影，并表明可见性。

6. 已知点A距离W面40mm；点B在点A的正前方10mm；点C在A之下50mm、A之右15mm，且在V面上。作点A的正面投影，点B、C的两面投影，并表明可见性。

直线（一）

班级　　　　姓名　　　　审核　　　　

1. 判断下列直线对投影面的相对位置，并填写名称。

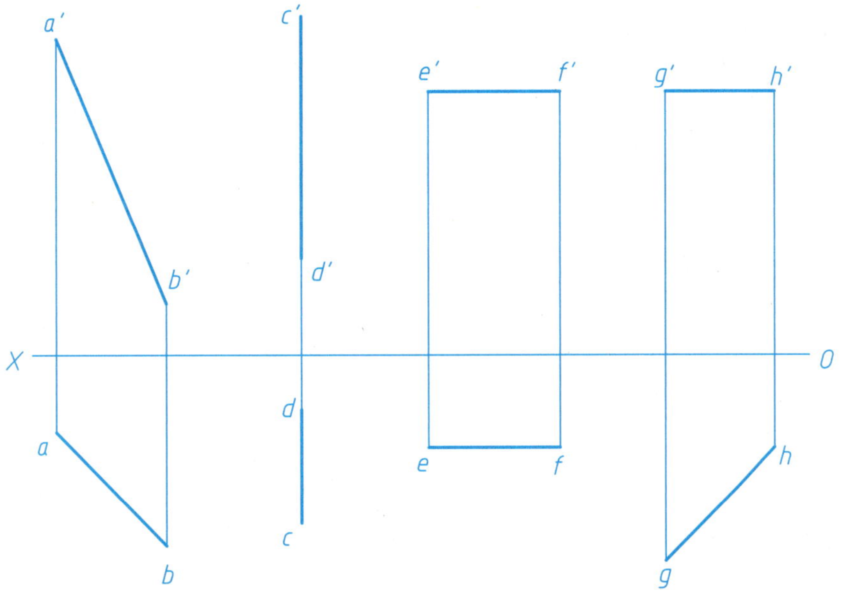

AB是＿＿＿＿＿＿线；CD是＿＿＿＿线；EF是＿＿＿＿线；

GH是＿＿＿＿＿＿线。

2. 过点A作下列直线的三面投影：（1）一般位置直线AB，B在A之上15mm、A之左20mm、A之后10mm；（2）正平线AC，C在A的右下方，α=30°，长25mm；（3）正垂线AD，D在A之正前方15mm。

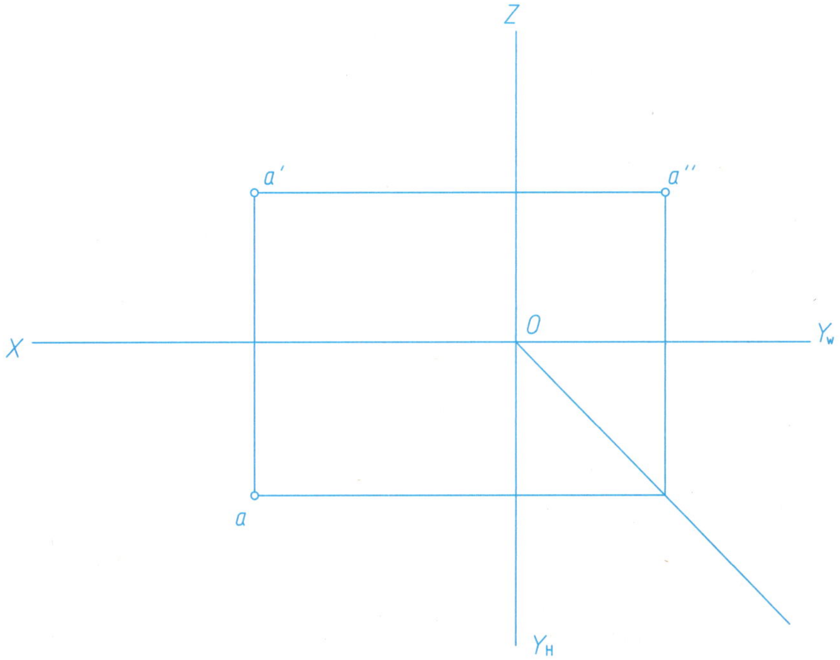

3. 已知直线AB和点C、D的两投影，判断C、D是否在AB上，填写"在"或"不在"。

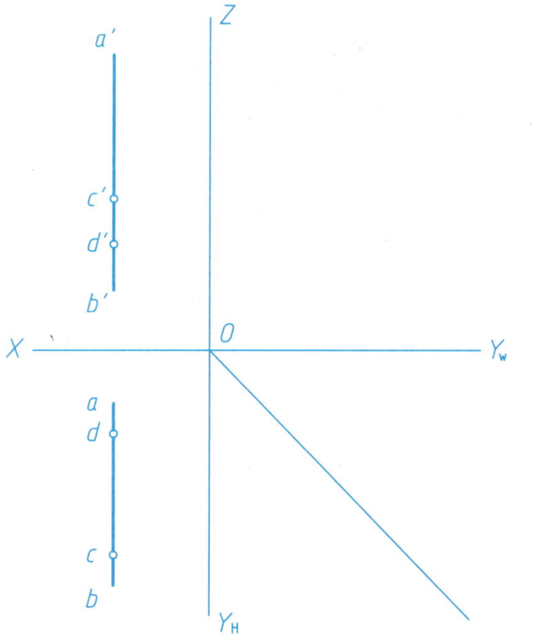

点C＿＿＿直线AB上；点D＿＿＿直线AB上。

4. 求作直线AB的真长，并在AB上作与A相距25mm的点C的两面投影。

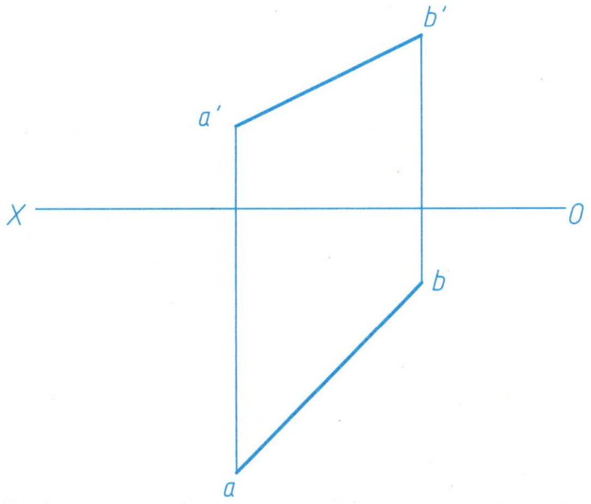

5. 作直线CD的真长及其对投影面V、W的倾角β、γ。

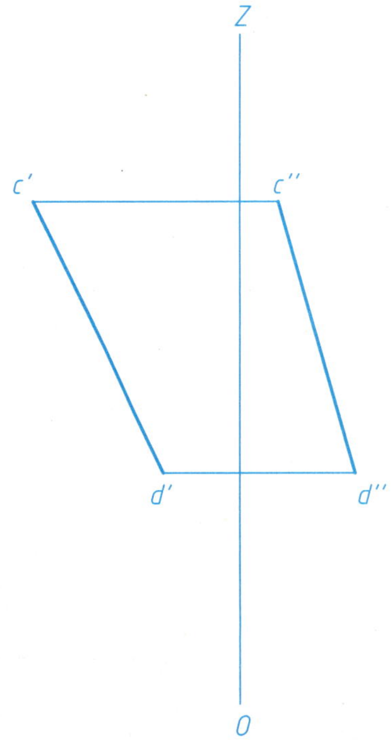

6. 通过作图检验直线AB、CD、EF的相对位置，并将检验结果在括号内填写平行、相交或交叉（建议加作W面进行检验）。

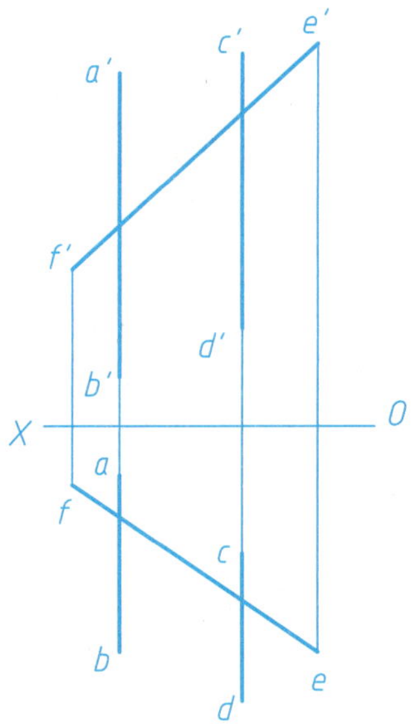

答：AB与CD＿＿＿；CD与EF＿＿＿；EF与AB＿＿＿。

7. 已知一直线与直线AB、CD都相交，且与直线EF交于分线段EF成2∶3的点，求作该直线的两面投影。

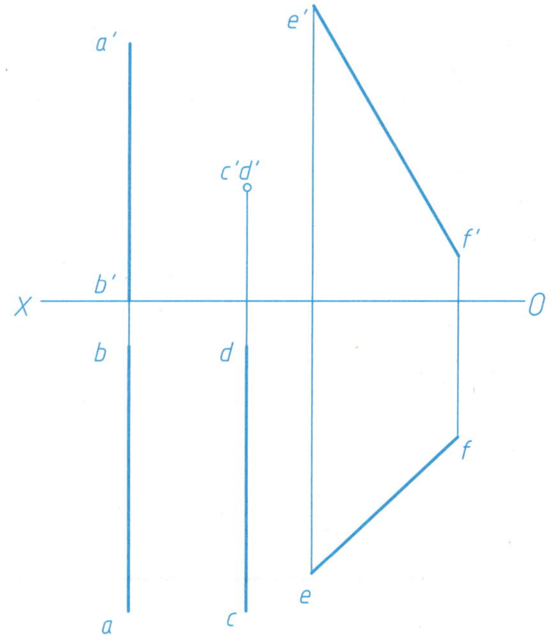

1. 求作与直线AB、CD、EF都相交的正平线。

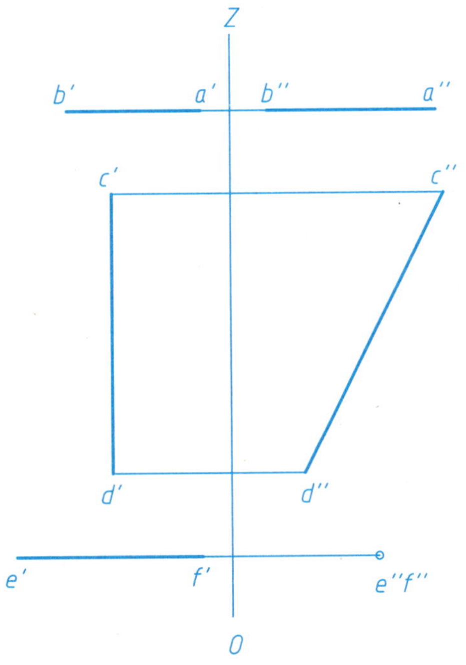

2. 求作直线EF，EF与直线CD交于V面之前20mm的点E，EF//AB，方向与AB相同，EF的真长为15mm。

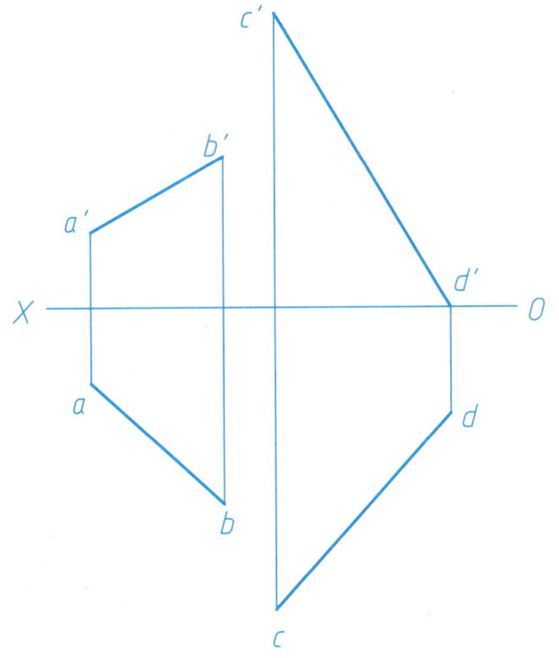

3. 已知两交叉线AB、CD的水平投影和正面投影，求作它们的侧面投影，分别标注三对重影点的三面投影符号，并表明可见性。

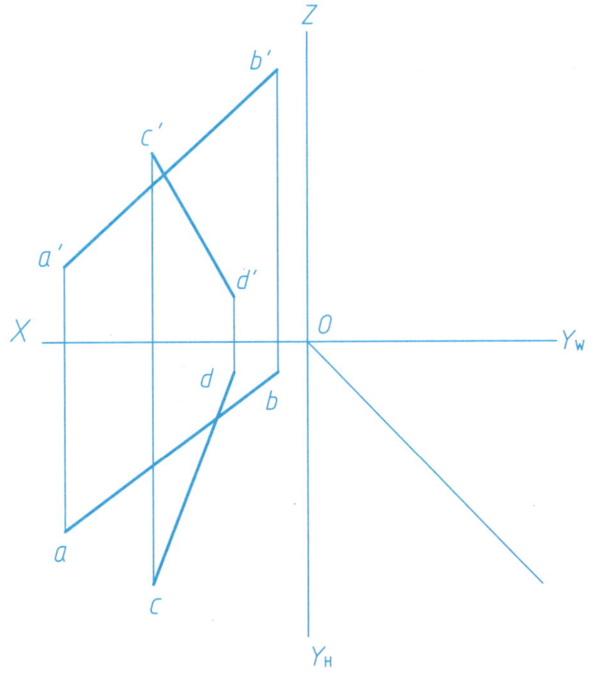

4. 已知处于铅垂面位置的正方形ABCD的左后边AB, β=60°，补全正方形的两面投影。已知处于水平面位置的正三角形EFG的前顶点E，后边FG为侧垂线，边长为20mm，补全这个正三角形的两面投影。

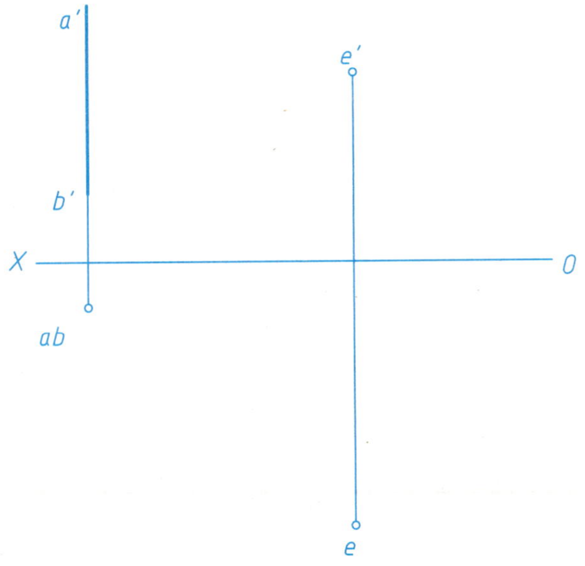

5. 已知正垂面P的正面迹线P_V以及平面P上的△ABC的水平投影，补全△ABC的三面投影。

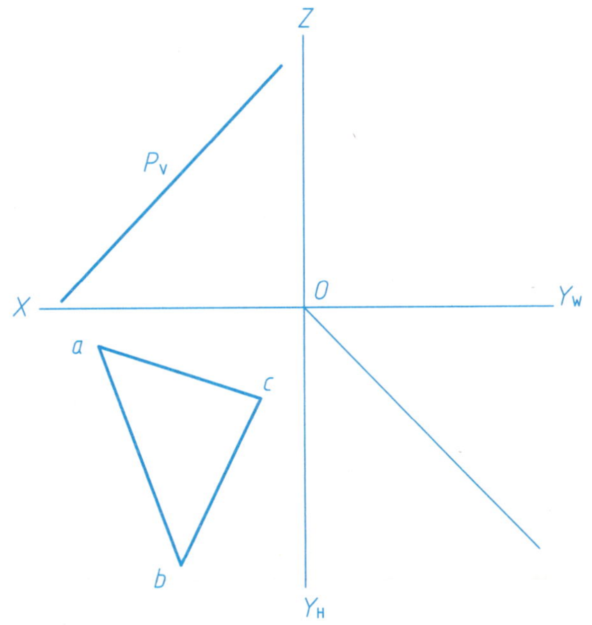

6. 已知平面P上的正方形ABCD的一条对角线AC是侧垂线，平面P与水平面H的倾角为45°，顶点B在AC的后上方，作出平面P的有积聚性的侧面迹线和正方形的三面投影。

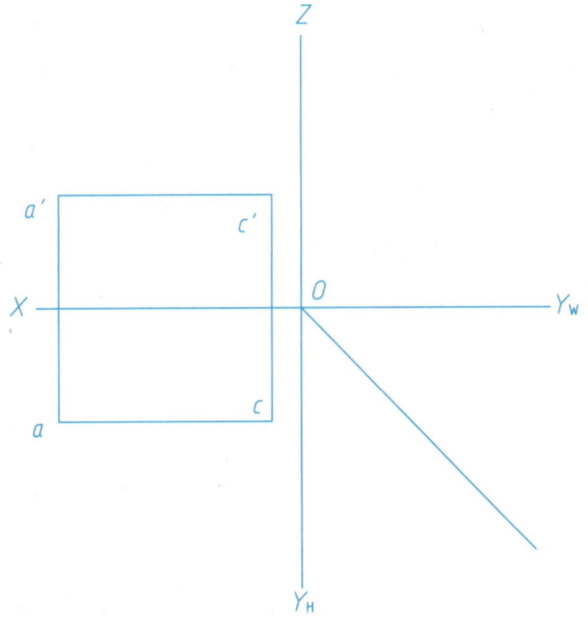

平面和平面曲线（二）

1. 在▱ABCD平面上取一点E，点E在正面V之前25mm，在侧面W之左10mm，求作点E的两面投影。

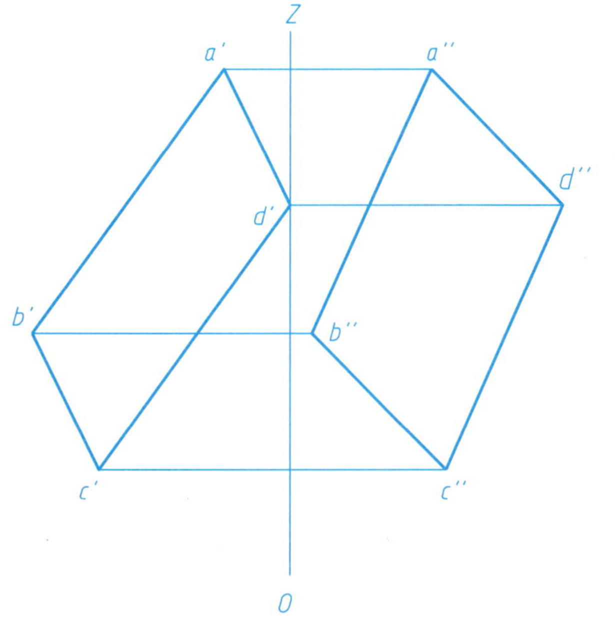

2. 已知矩形平面ABCD上的△EFG的水平投影，作出其正面投影。

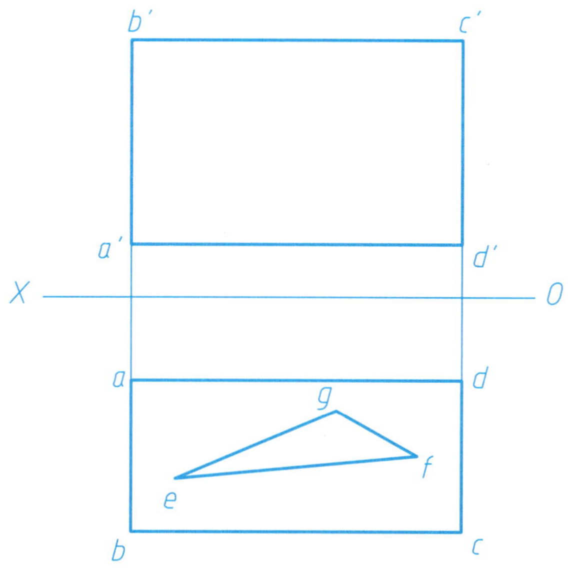

3. 补全平面图形ABCDEFG的正面投影。

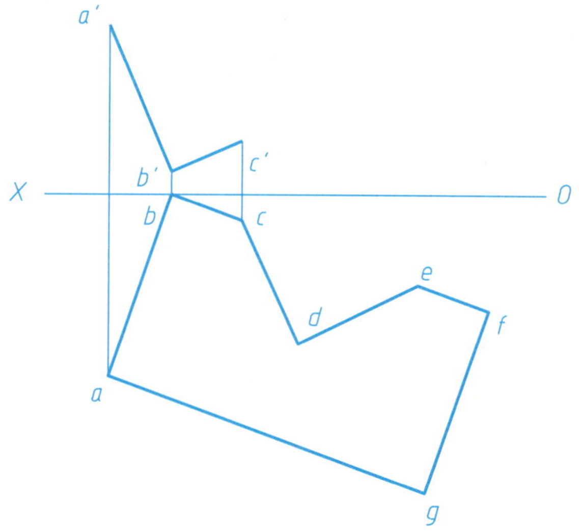

4. 在△ABC平面上的K点处有一个小球。在没有其他干扰的情况下，求作小球在往下滚落方向线的投影。

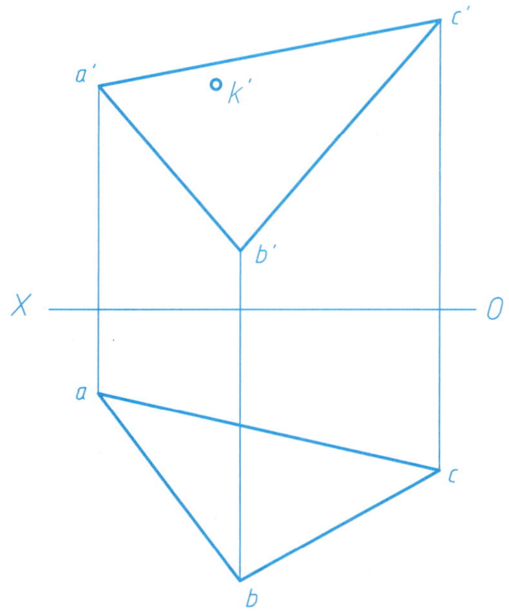

5. 已知平行四边形平面上的曲线的正面投影，求作这条曲线的侧面投影。

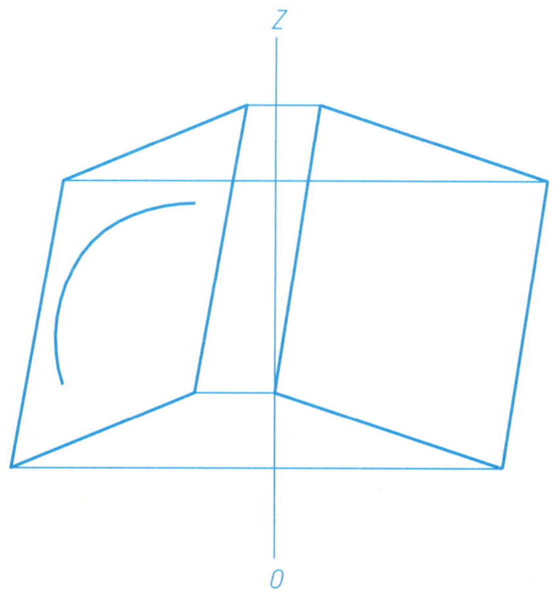

6. 求作圆心位于点A、直径为34mm、处于左下到右上α=45°位置的正垂圆的三面投影。

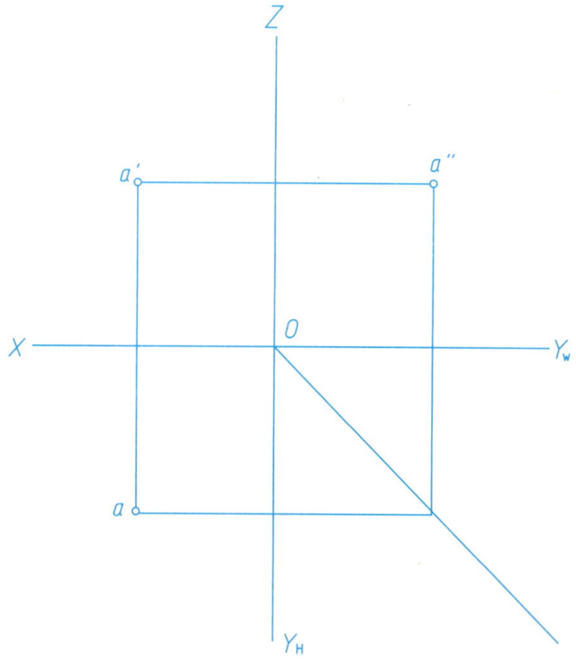

1. 求作下列直线与平面的交点或两平面的交线，并表明投影的可见性：

(1)直线AB与△CDE相交。

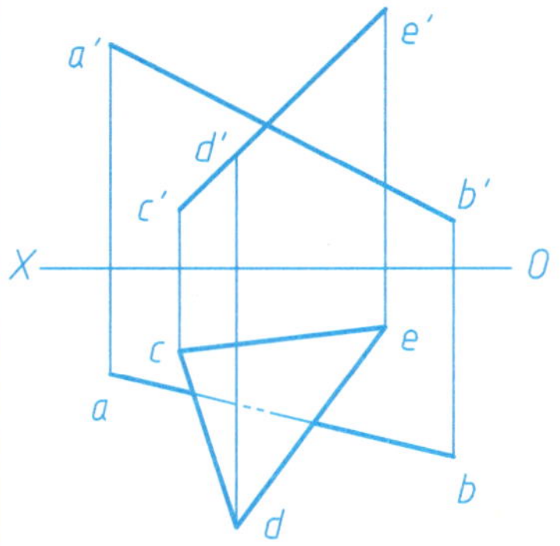

(2)直线AB与△CDE相交。

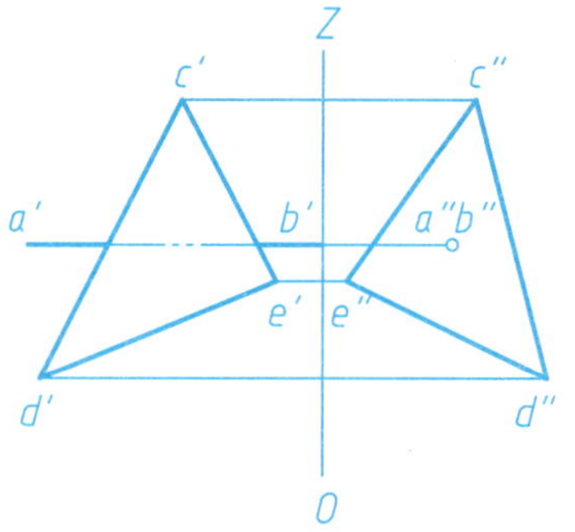

(3)直线AB与▱$CDEF$相交。

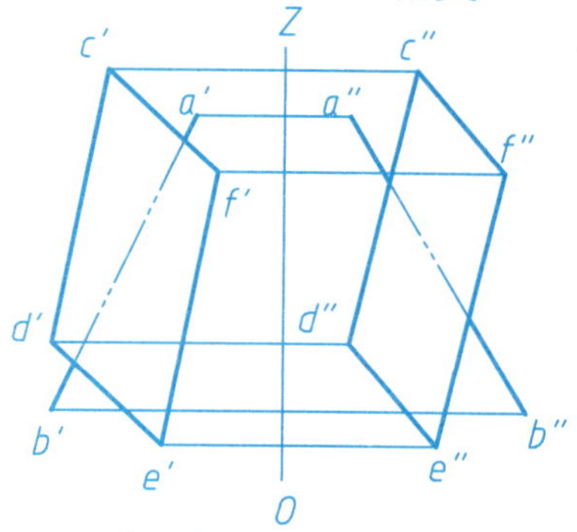

(4)两三角形相交。

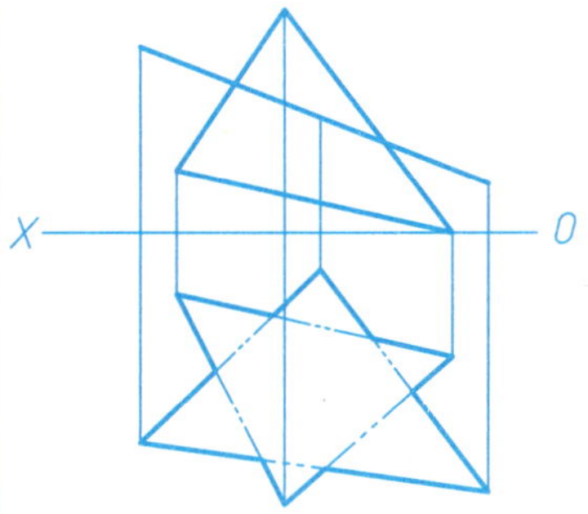

(5) 三角形与矩形相交。

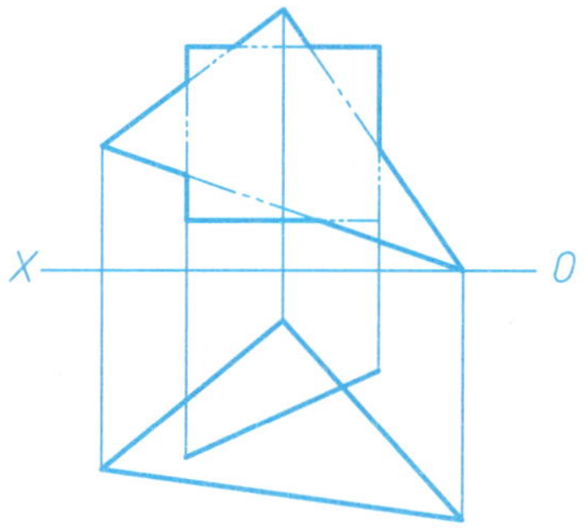

(6) 两三角形相交。

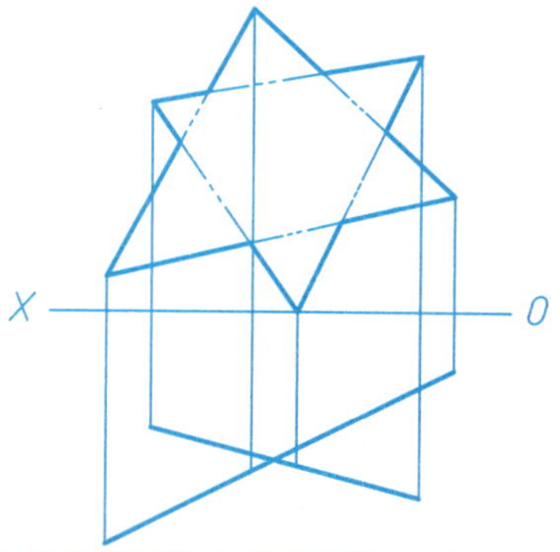

2. 检验下列直线与平面或平面与平面的相对位置，在图形下方的括号内填写“平行”“倾斜” 或“垂直”。

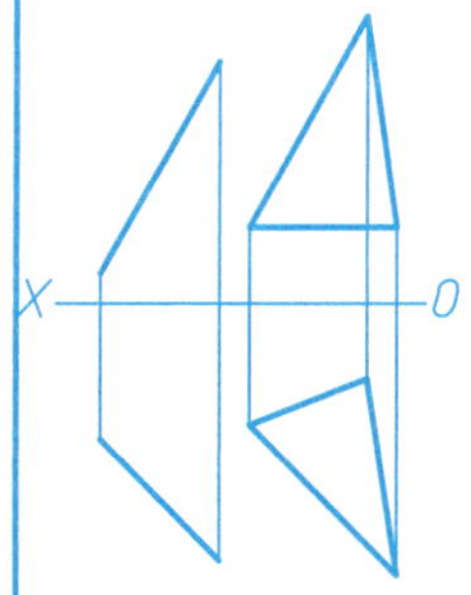

(　　)

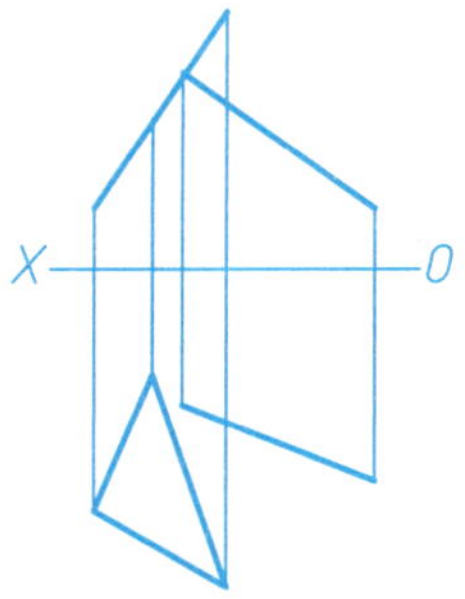

(　　)

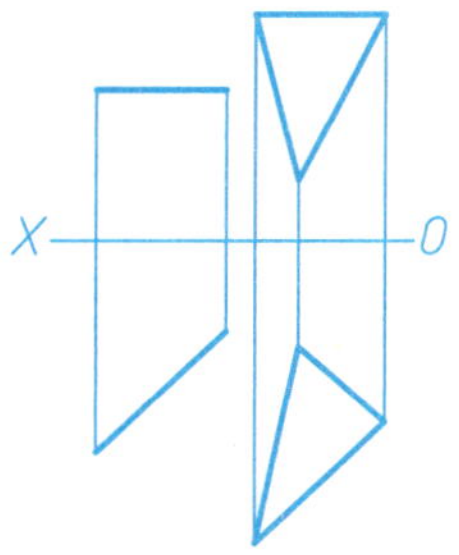

(　　)

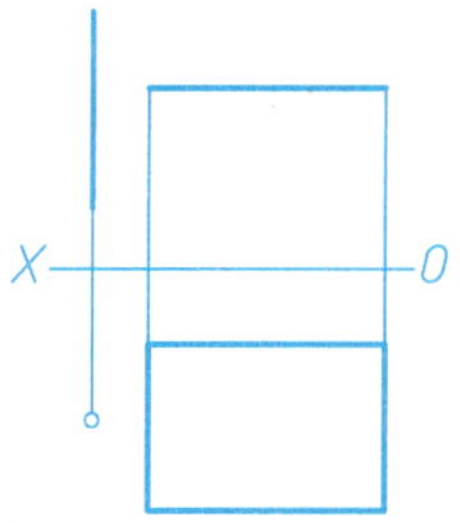

(　　)

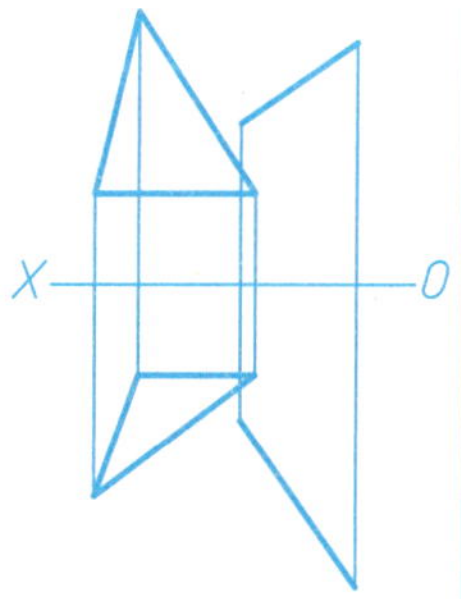

(　　)

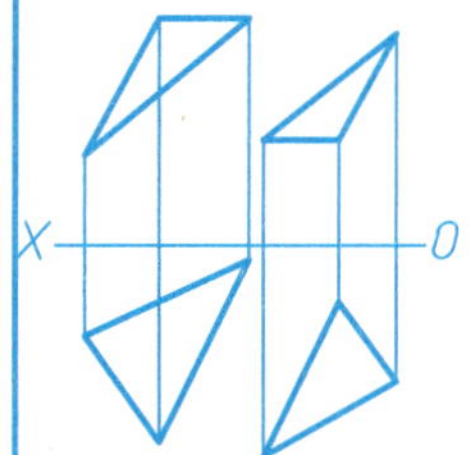

(　　)

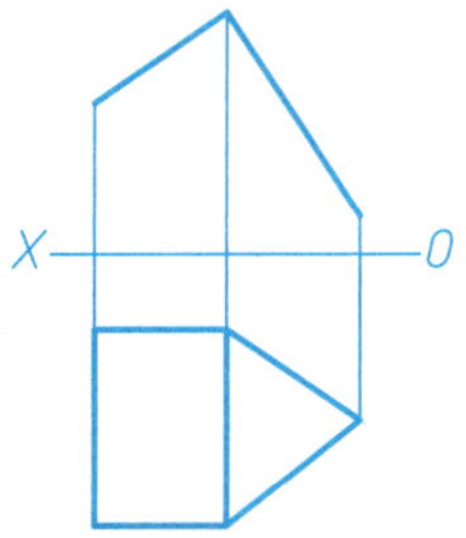

(　　)

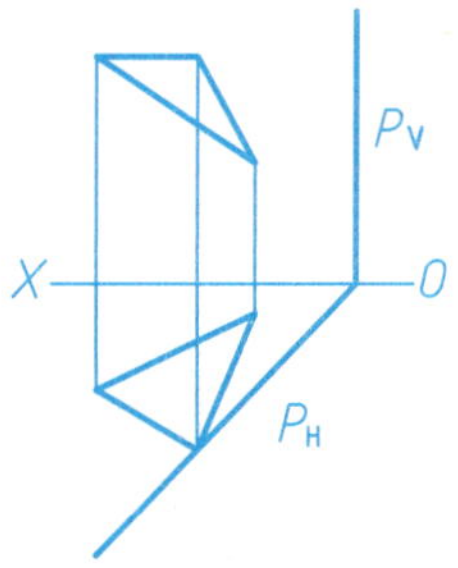

(　　)

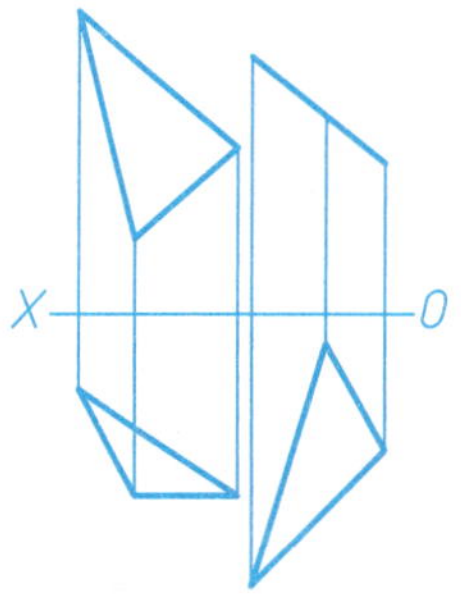

(　　)

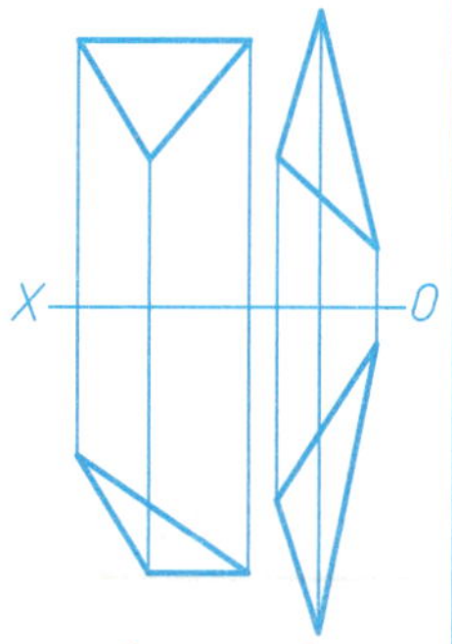

(　　)

3. 求作下列两三角形平面的交线，并表明投影的可见性。

(1)

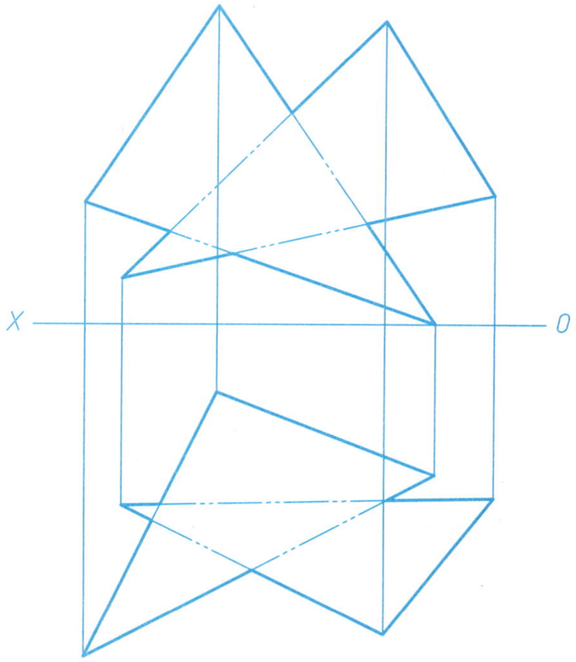

(2)

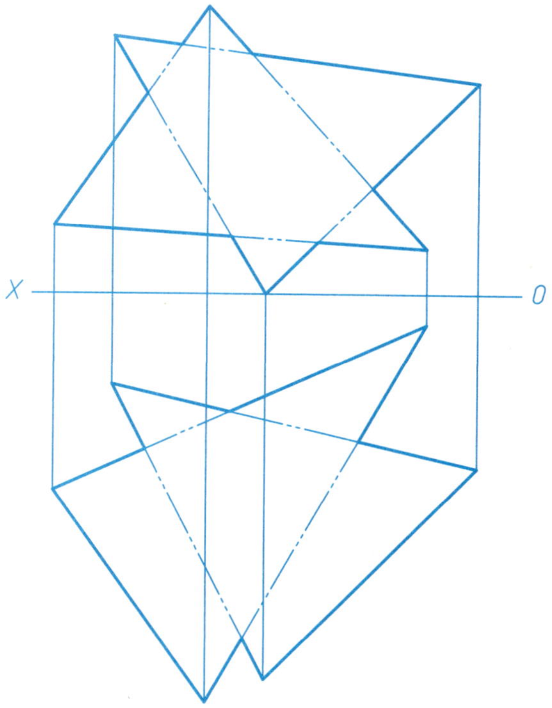

1. 求作直线AB的真长和倾角α、β。

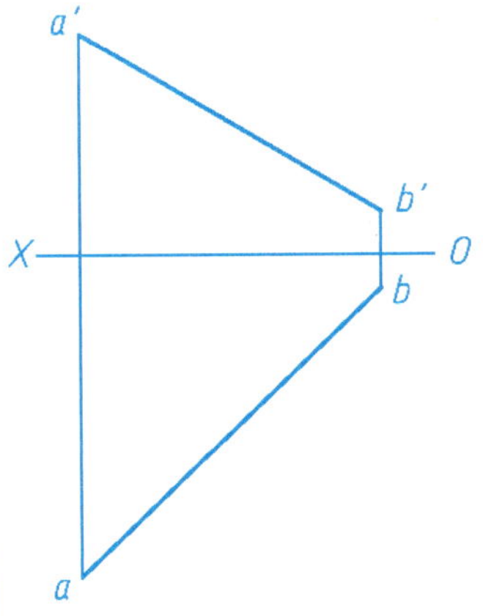

2. 求作点A与直线BC间的真实距离。

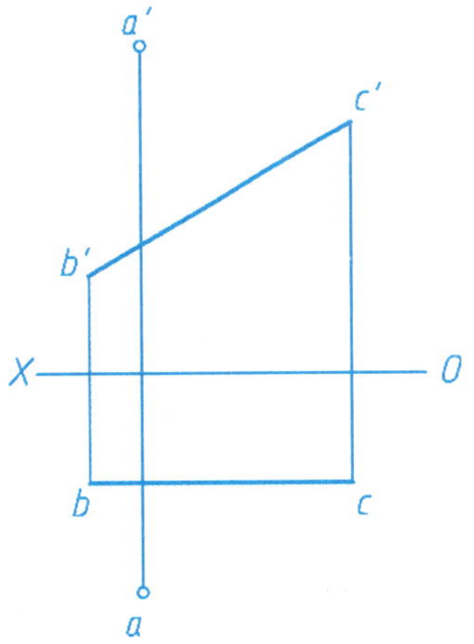

3. 求作吸气罩的相邻壁面之间夹角的真实大小。

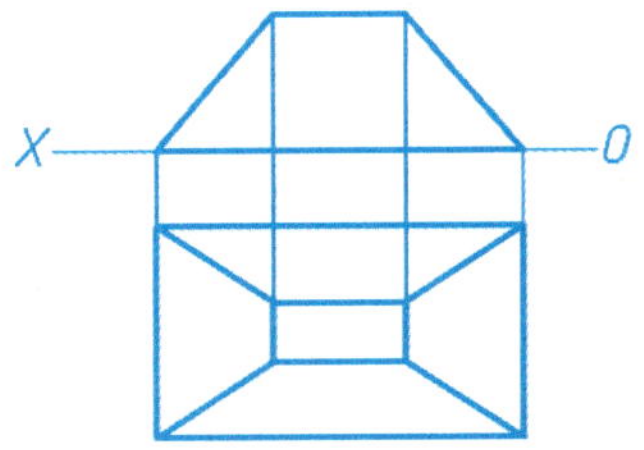

4. 求作正垂面平行四边形ABCD的真形。

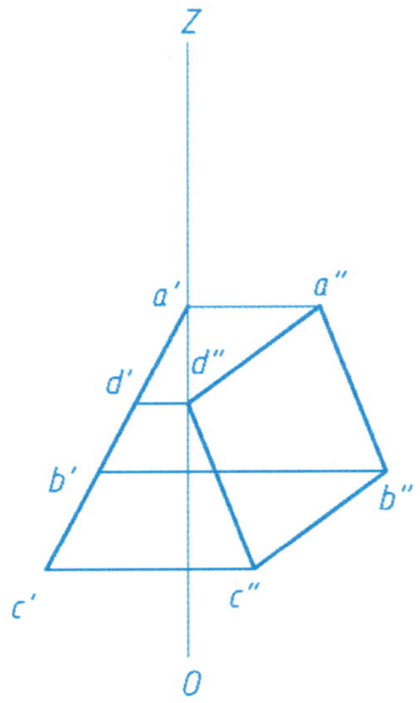

5. 补全矩形ABCD的水平投影。

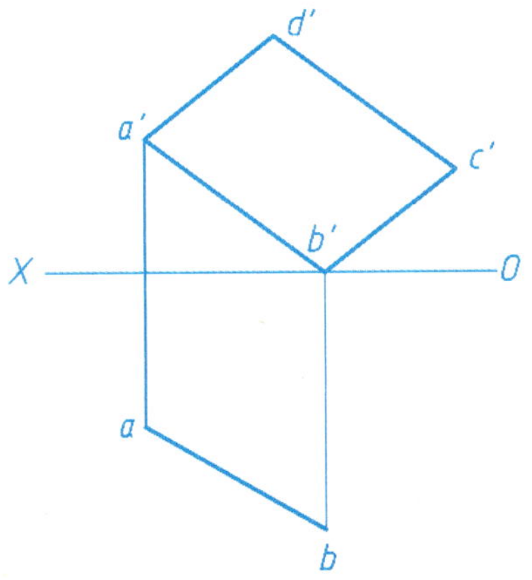

6. 求作△ABC与正面V的倾角β，并过点D作△ABC的垂线DE，作出垂足E，注明点D与△ABC之间的真实距离。

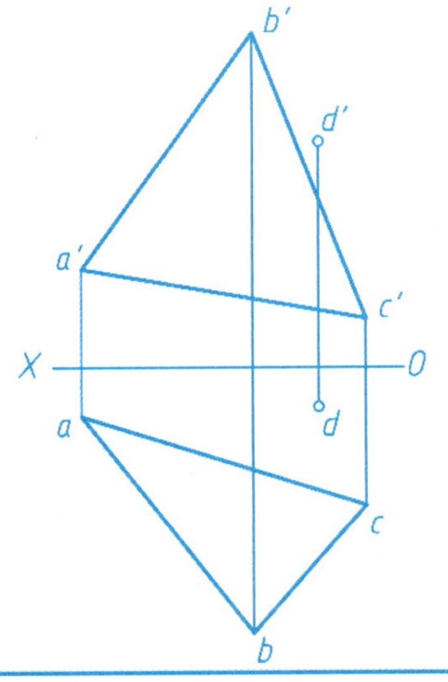

7. 已知等腰三角形ABC的底边BC，△ABC对V面的倾角β=45°，三角形的高为20mm，补全△ABC的两面投影。

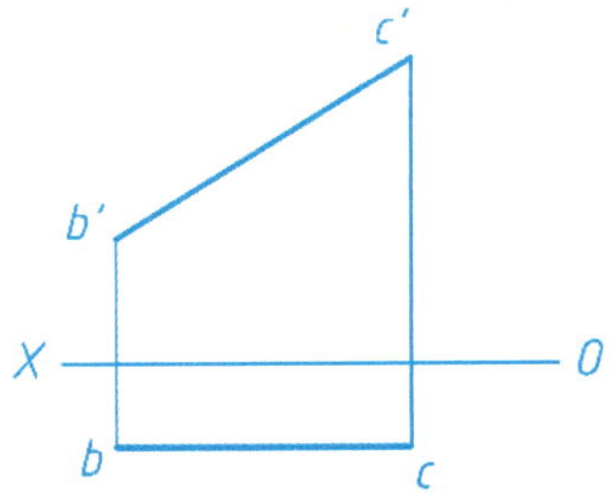

8. 用旋转法求直线AB的真长和倾角α、β。

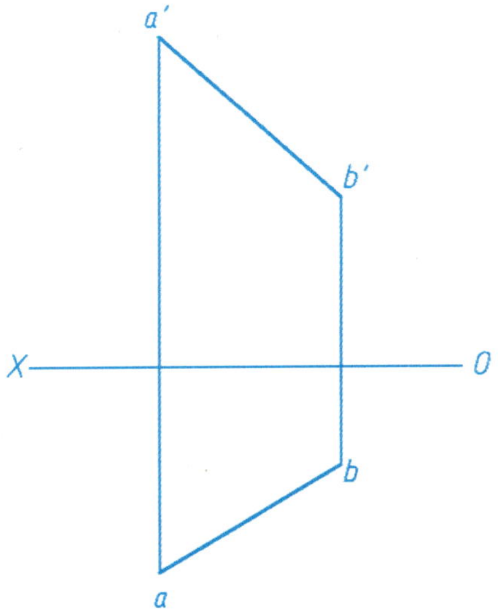

平面立体及其表面上的线和点，曲面、曲面立体及其表面上的线和点（一）

班级　　姓名　　审核

1.作六棱柱的水平投影，并作出六棱柱表面上的折线*ABCDE*的另外两投影。

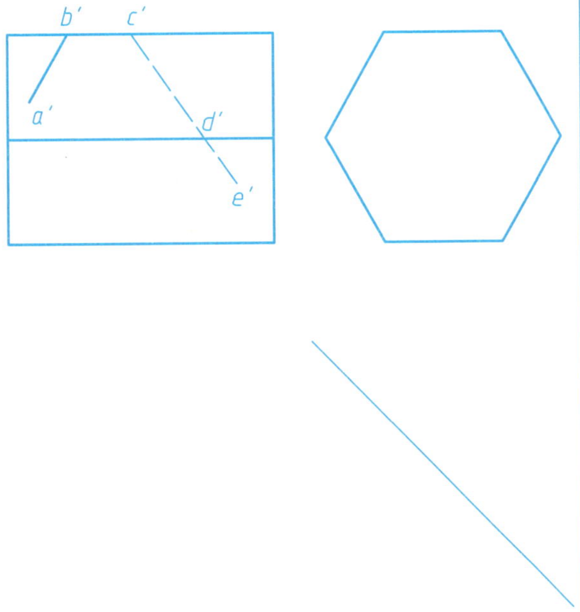

2. 作左端面为正垂面的*T*形侧垂柱的水平投影，并补全这个柱体表面上的点*A*、*B*、*C*的三面投影。

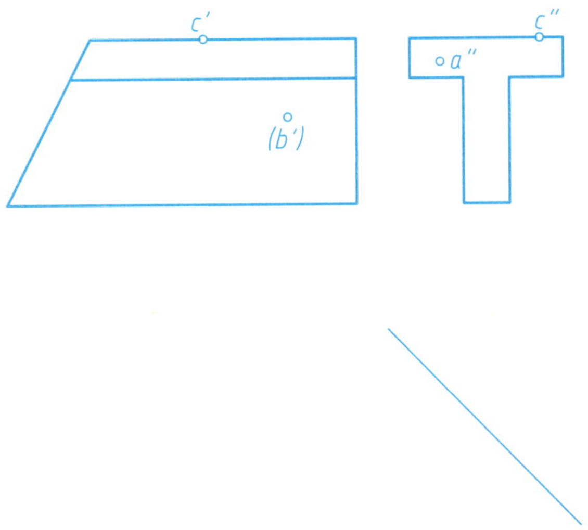

3. 作三棱锥的侧面投影，并作出三棱锥表面上的折线*ABCD*的另外两个投影。

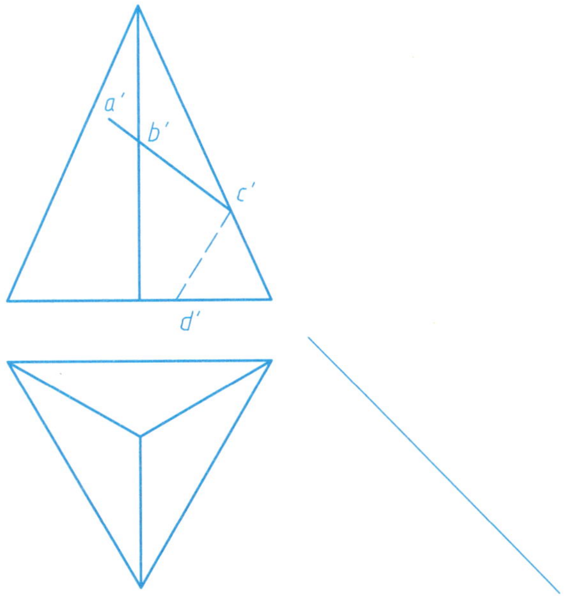

4.作四棱台的正面投影，补全四棱台的侧面投影，并作出四棱台表面上的点*A*、*B*、*C*的另外两个投影。

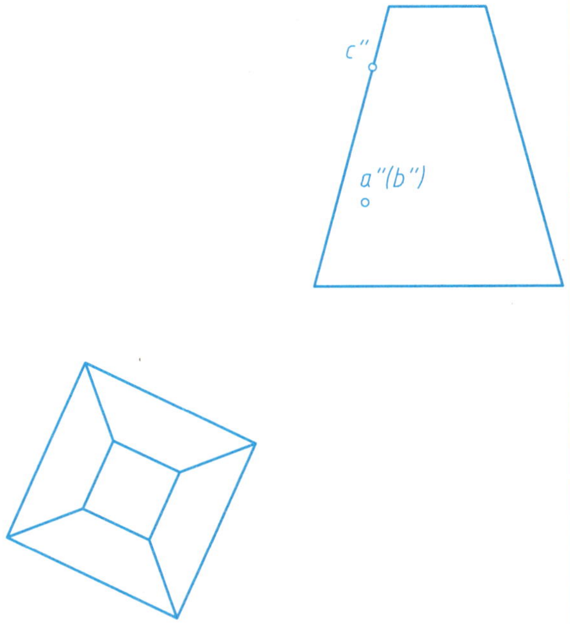

5. 作圆柱的水平投影，并补全圆柱表面上的点*A*、*B*、*C*、*D*的三面投影。

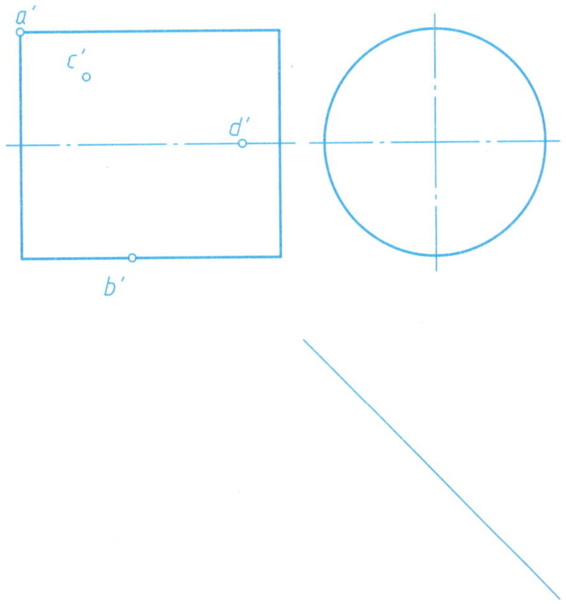

6. 作圆锥的正面投影，并补全圆锥表面上的直线和曲线的三面投影。

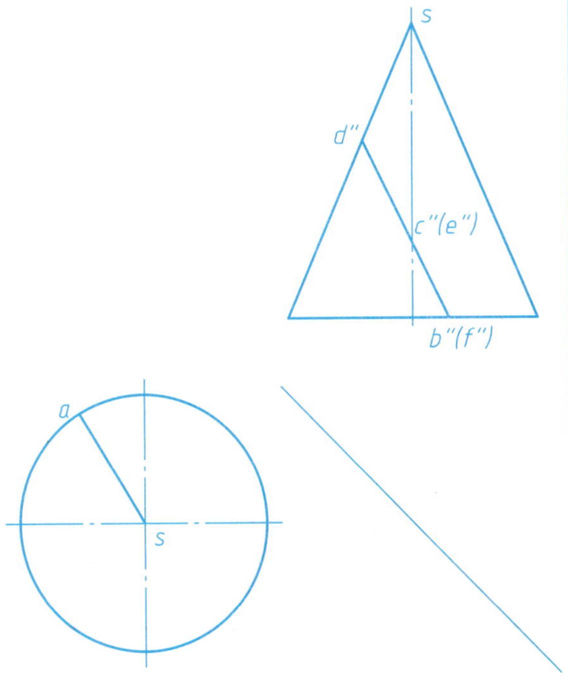

7. 作球的侧面投影，并补全球面上的曲线*ACB*和*ADFEB*的正面投影和侧面投影。

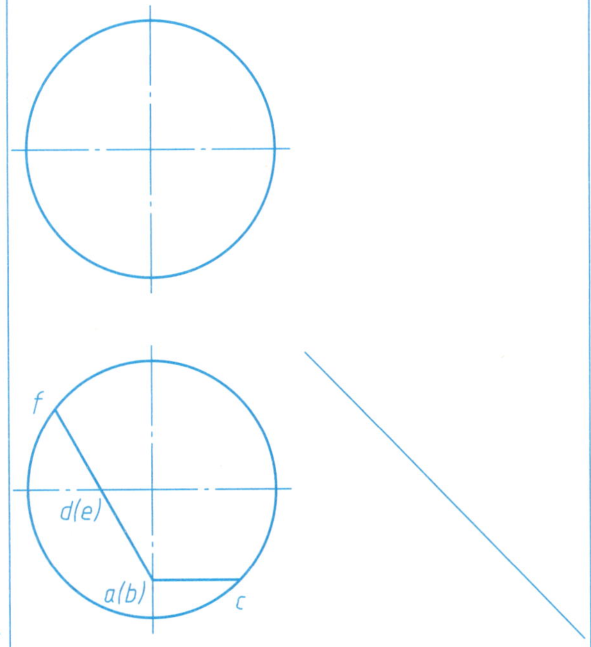

8. 已知轴线为正垂线的环以及环面上的点*A*、*B*、*C*、*D*、*E*、*F*、*G*的水平投影。求作环的正面投影以及这些点的正面投影。

曲面、曲面立体及其表面上的线和点（二）

班级　　姓名　　审核

1.已知轴在过轴的正平面内的两条素线的正面投影，补全回转面的正面投影，并作出它的水平投影。

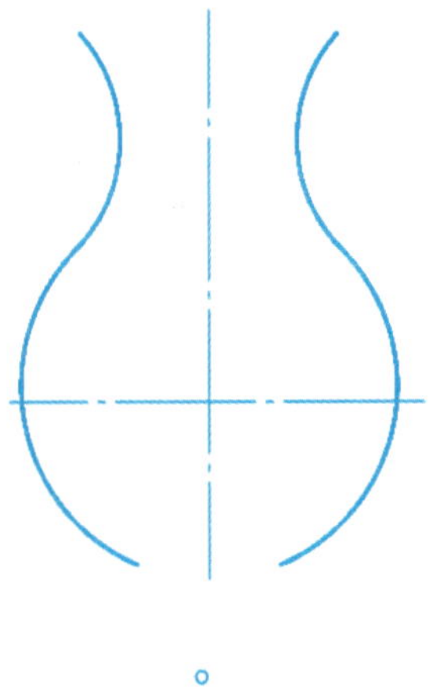

2.已知单叶双曲回转面的轴和素线AB，作它的两面投影。

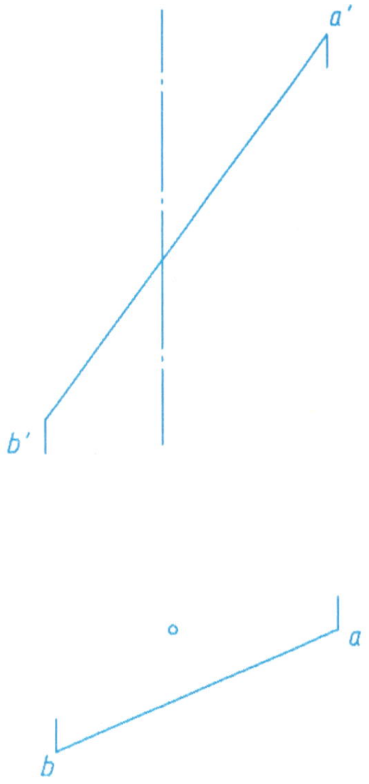

3.已知由圆锥和圆柱所构成的组合回转体，求作它的正面投影，并补全这个组合回转体表面上的线SABCDEFGS的三面投影。

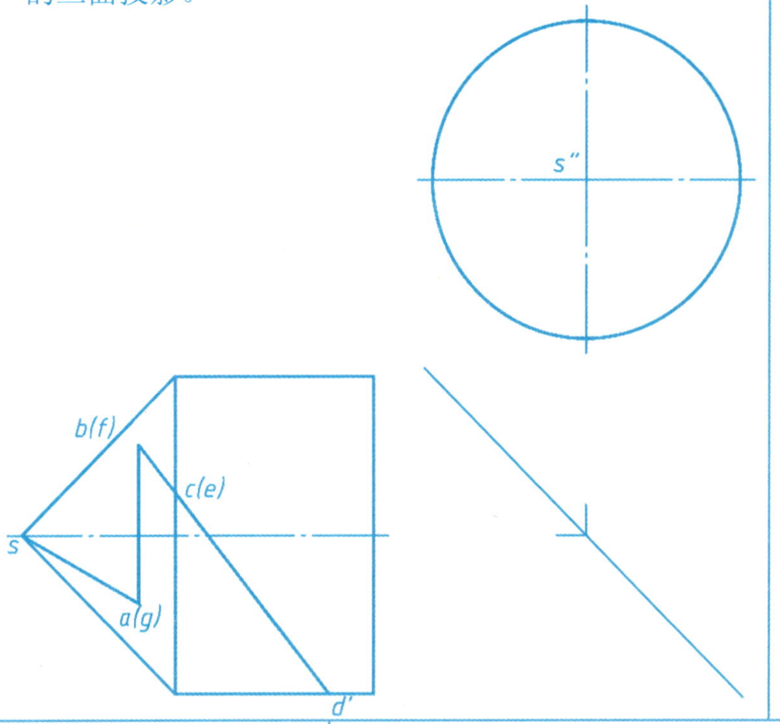

4.已知由圆柱的左端面和同轴的圆柱面、内环面、球面所围成的组合回转体，求作它的水平投影，并补全这个组合回转体表面上位于同一水平面内的线ABCDEFGA的三面投影。

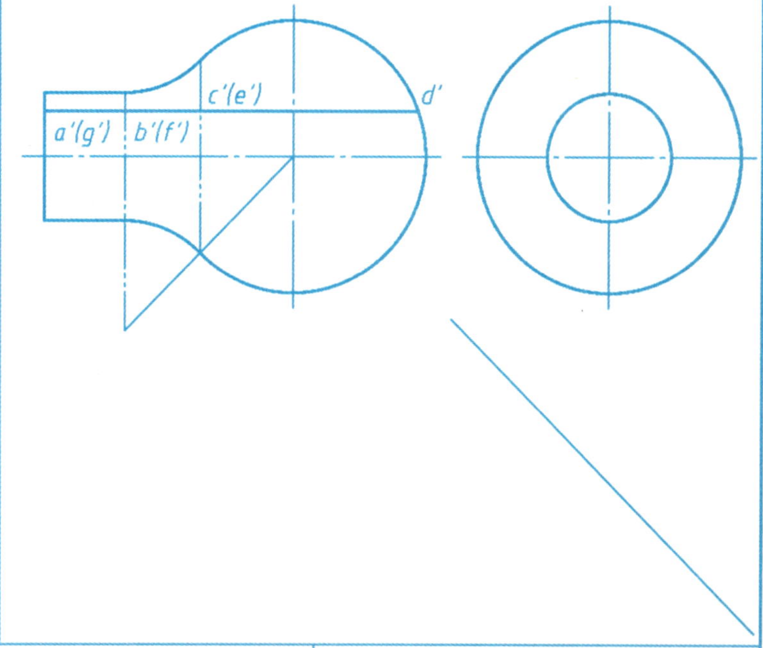

5.已知由上、下两个不同长度的长圆形顶面和底面，以及两端为左右对称的半个斜圆柱面和前后分别与它们相切的正平面梯形所围成的桥墩的两面投影，求作桥墩的侧面投影。

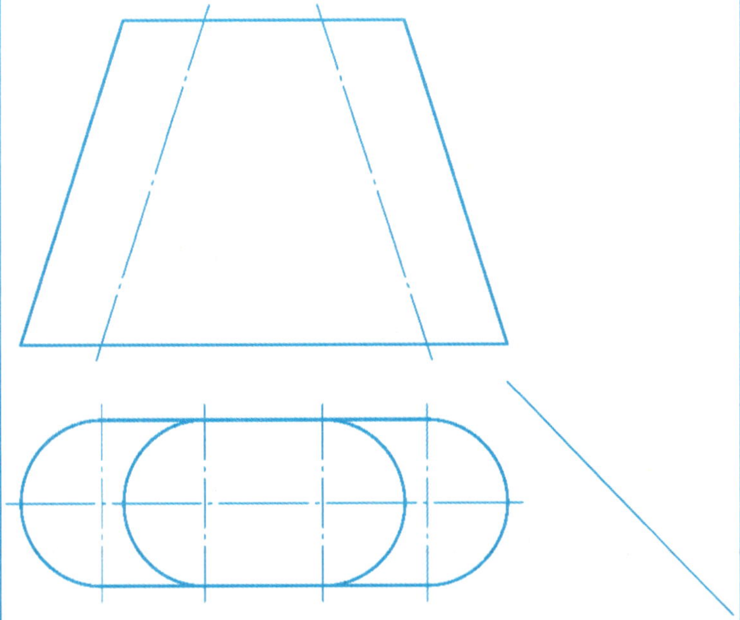

6.已知锥面的锥顶为S，导线是圆心为C、直径32mm的水平圆周，求作锥面的两面投影和下面的填空题。

这个有轴锥面是______锥面。

7.已知由上、下两个大小不同的长圆形顶面和底面，以及两端为左右对称的半圆台侧表面和前后分别与它们相切的侧垂面矩形所围成的桥墩的两面投影，求作桥墩的侧面投影。

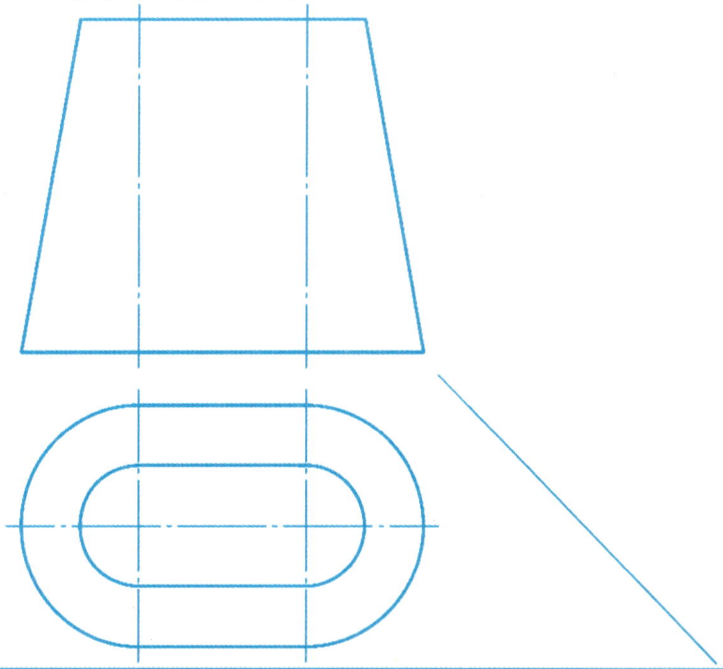

8.已知双曲抛物面的导线AB、CD和铅垂的导平面P，求作双曲抛物面的两面投影。

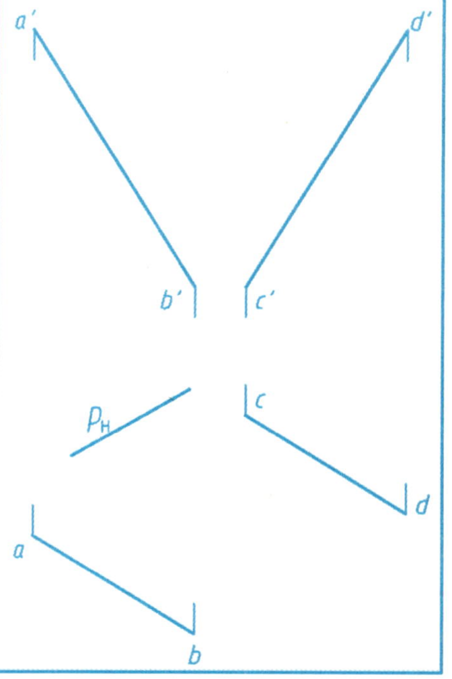

1. 设锥状面的导线为以C为圆心的正平圆的半个圆周和侧垂线AB，导平面为侧面W，求作这个锥状面的三面投影。

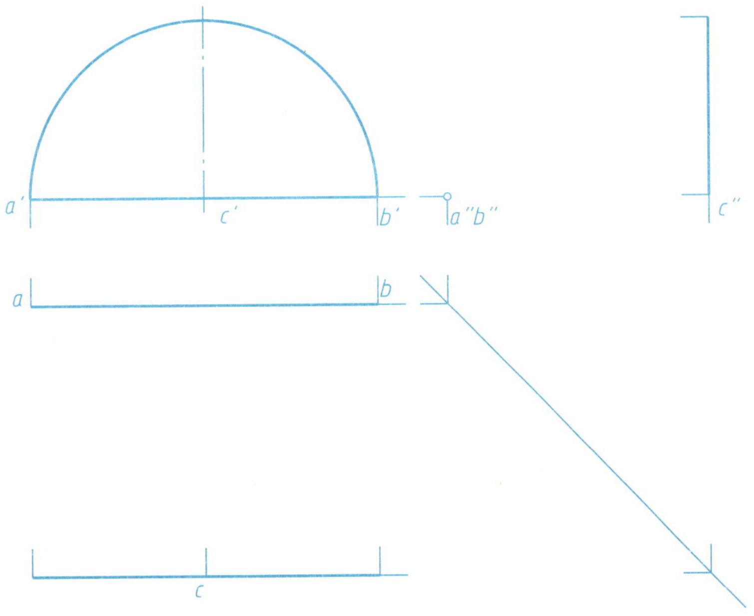

2. 设柱状面的导线为平行于正立面V的半圆ABC和曲线DEF，导平面为水平面H，求作这个柱状面的三面投影。

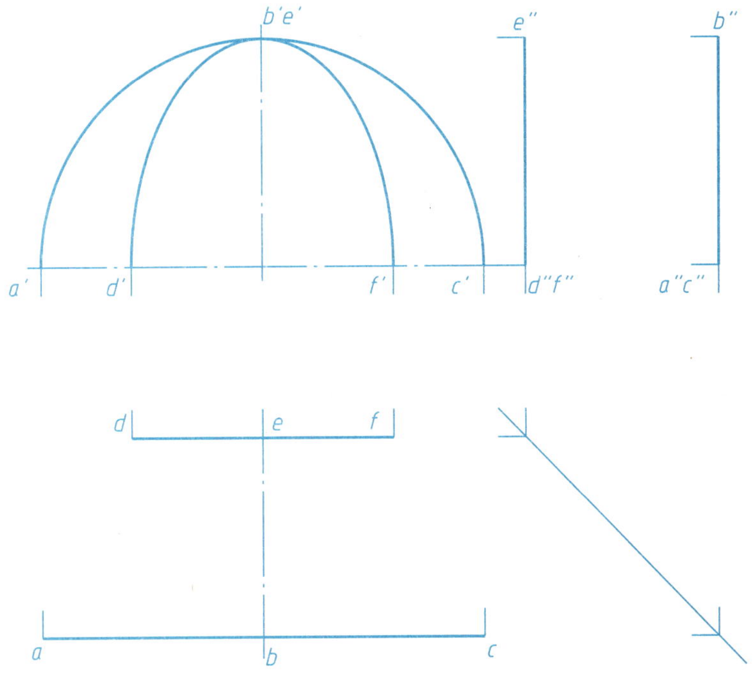

3. 设中空的平螺旋面外侧大圆柱螺旋线为右旋圆柱螺旋线，轴线为侧垂线，左端点为A，导程为40mm，内侧小圆柱螺旋线的直径为14mm，求作从点A向右的一个导程范围内的一段平螺旋面的两面投影。

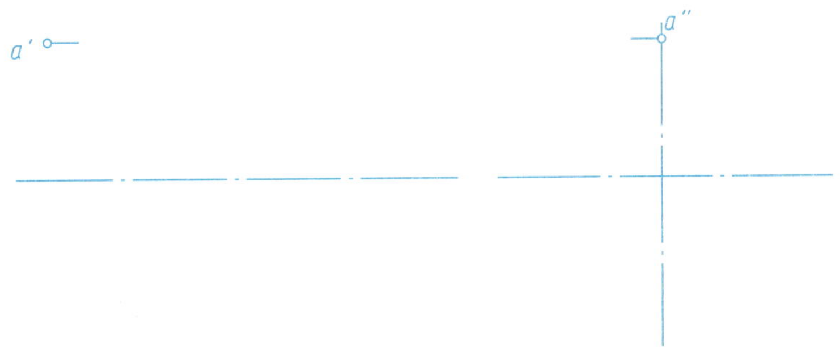

4. 楼梯扶手弯头的上面和下面是形状相同的右旋平螺旋面，断面为矩形，内、外壁分别是同轴的小圆柱面和大圆柱面，导程为断面高度的12倍，补全弯头的正面投影。

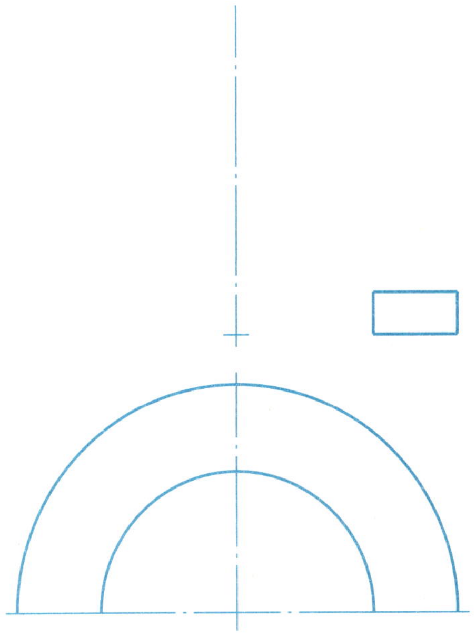

5. 求作螺旋楼梯的正面投影（只需画出地平线以上的可见投影，不画不可见投影，栏杆和扶手的可见投影画单线的中实线）。

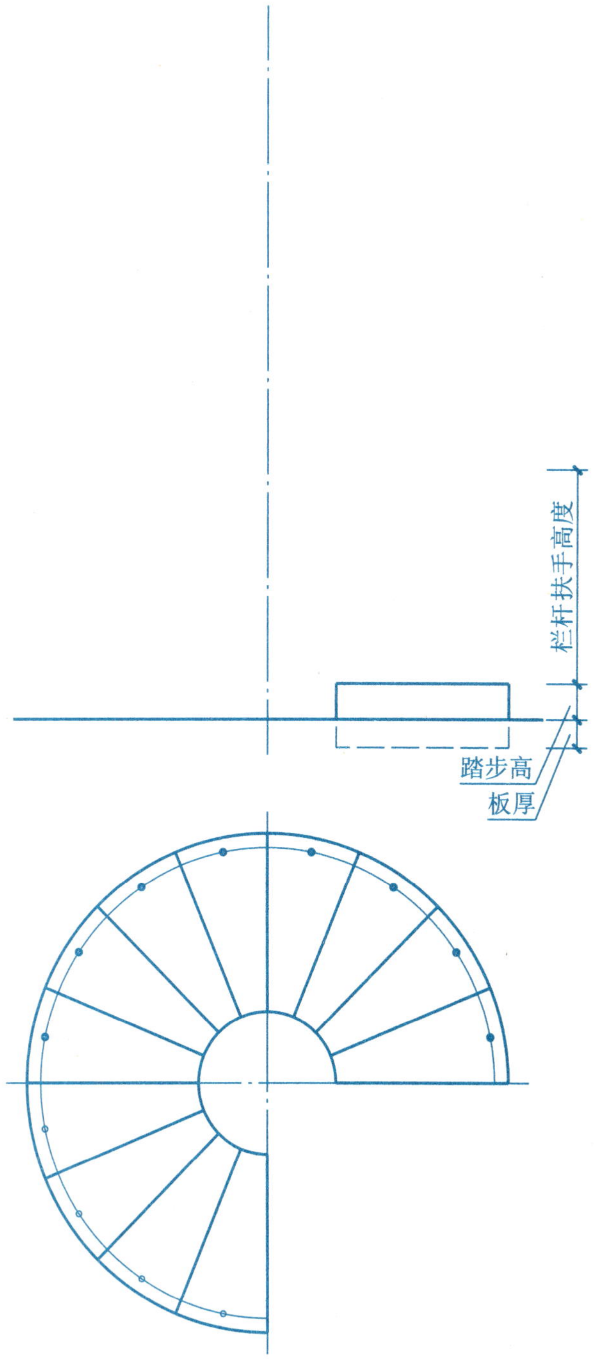

1. 作具有燕尾槽的四棱柱与铅垂面P的截交线和截断体的侧面投影，并求作断面的真形。

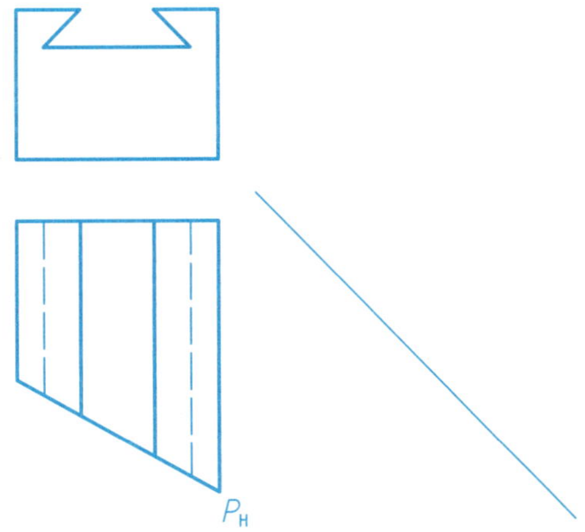

2. 作具有三棱柱孔和左上方切口的正六棱柱的水平投影，并补全它的侧面投影。

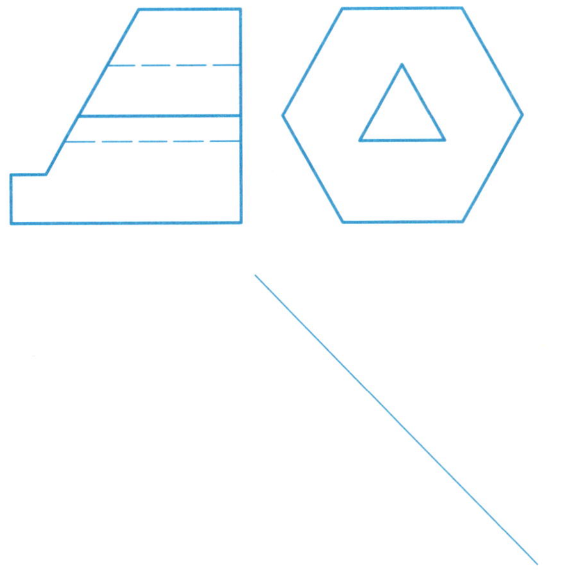

3. 补全具有切口的四棱台的水平投影，并作出其侧面投影。

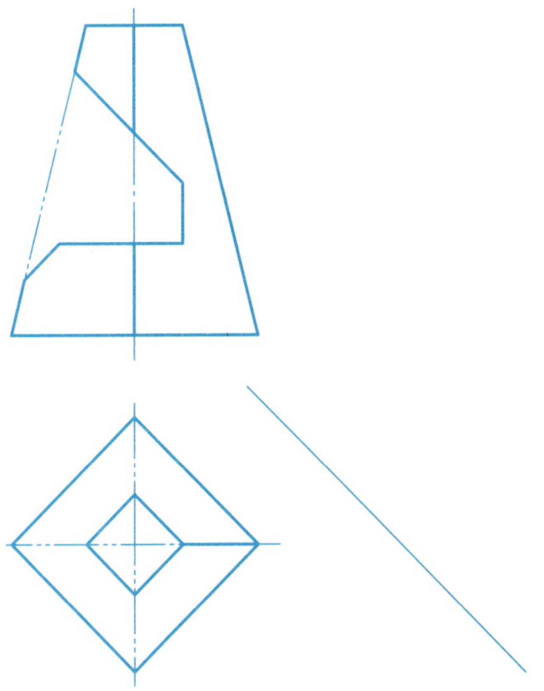

4. 作直线AB与三棱柱的贯穿点，并表明可见性。

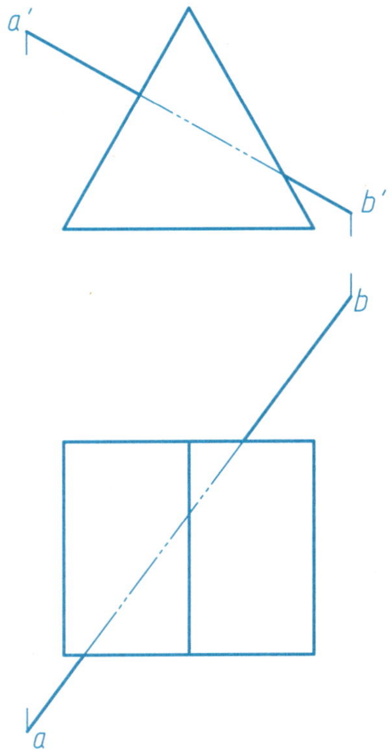

5. 作直线AB、CD与五棱锥的贯穿点，并表明可见性。

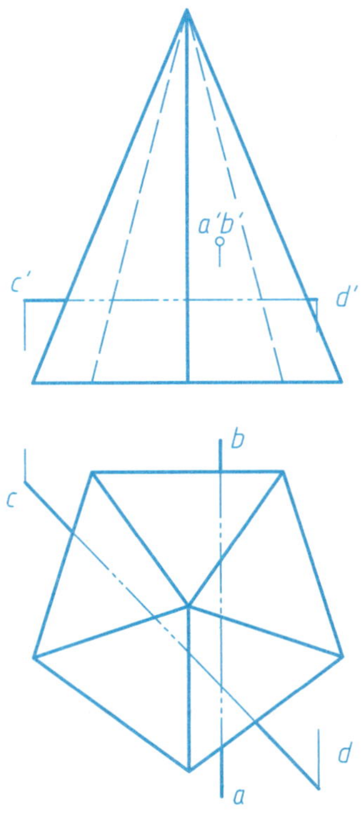

6. 已知涵洞端部挡土墙的两面投影，补全涵洞及涵洞口的水平投影和正面投影。

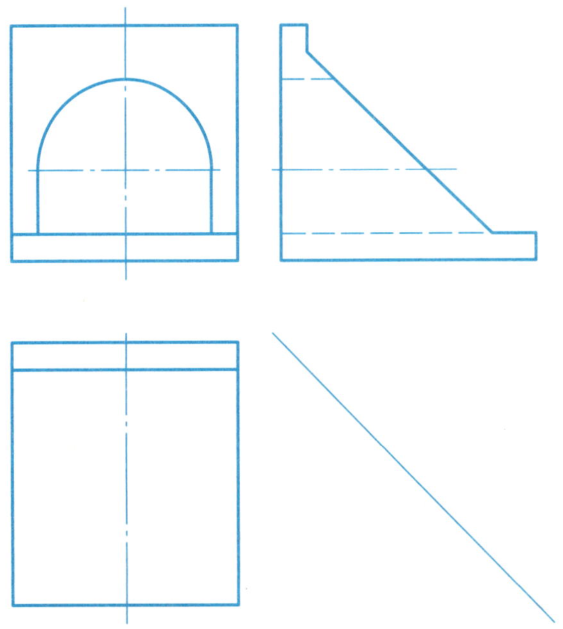

7. 圆柱体被自左向右前方倾斜的铅垂面截去一块，又被前后对称的正平面和侧平面截切成前、后两个槽，补全圆柱体被截切后的侧面投影，并作出它的正面投影。

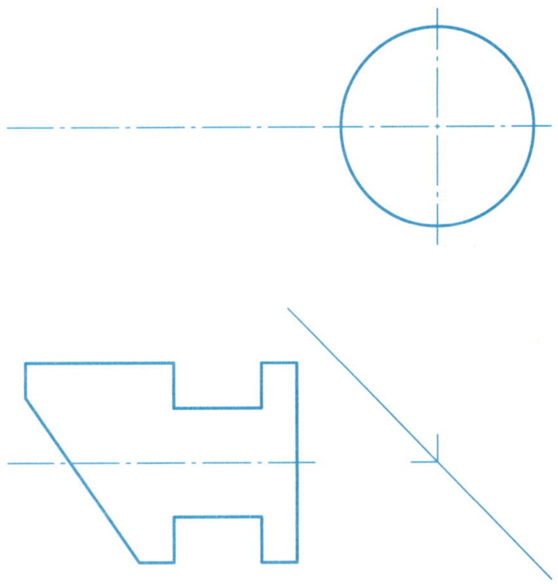

8. 圆柱体被侧平面和水平面截切成上端的凸榫，被正平面和水平面截切成下端的凹槽，补全圆柱体被截切后的正面投影和侧面投影。

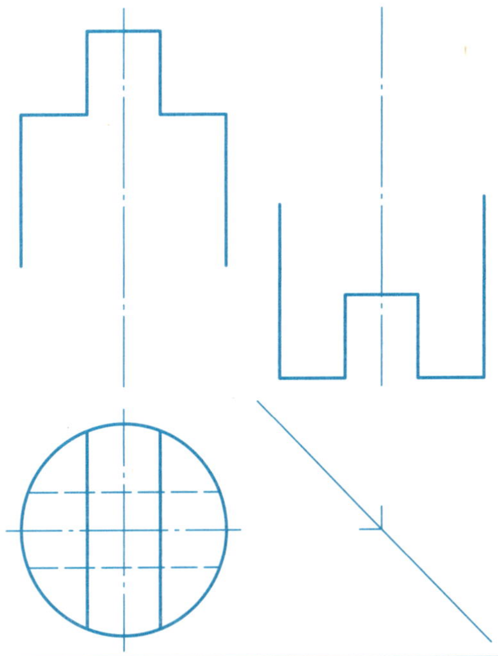

1. 圆锥被正垂面P截去左上方的一块，作出和补全截断体的水平投影和侧面投影，并作出断面的真形。

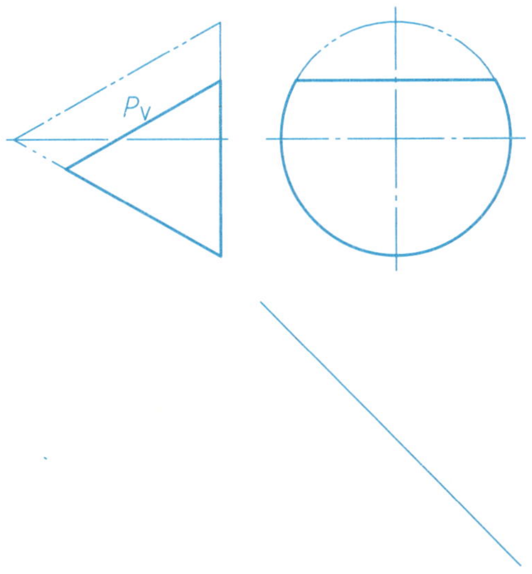

2. 补全被截切后的圆锥的水平投影和侧面投影。

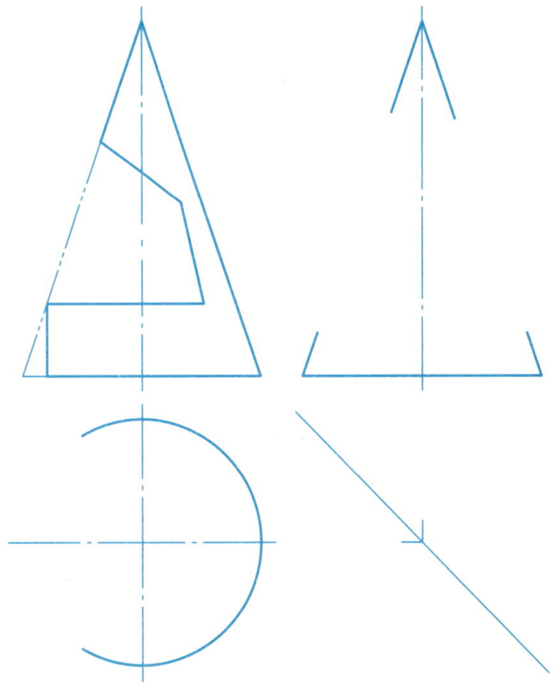

3. 已知球被水平面、正垂面、侧平面截切，求作截切后的水平投影。

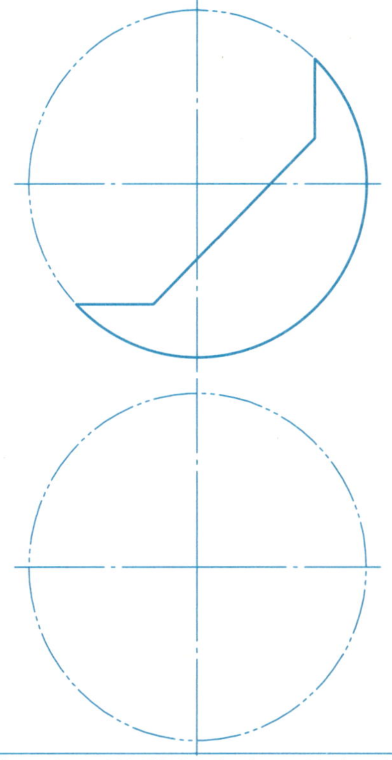

4. 已知半球被四个铅垂面截切，求作截切后的正面投影。

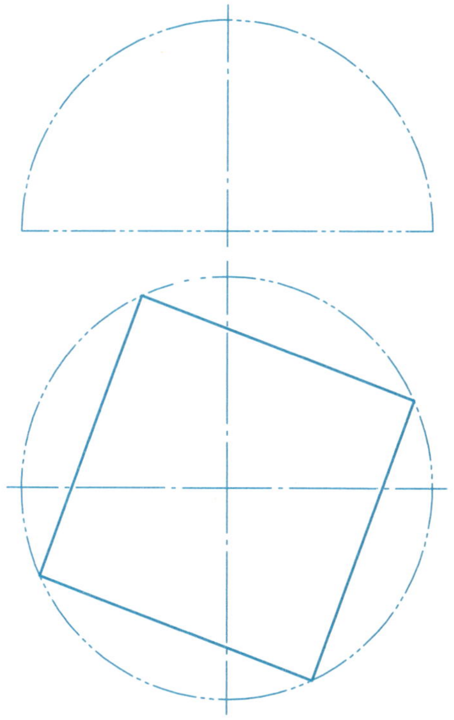

5. 具有共同正垂轴的圆台、圆柱、半球构成的组合回转体被水平面截去上部，补全截断体的水平投影。

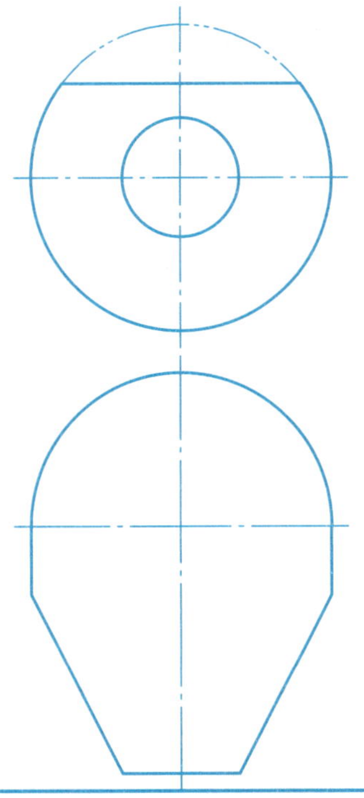

6. 已知鼓体（由外环面及与其相切的顶面和底面所围成）被正垂面P截切，求作截交线的水平投影和断面真形。

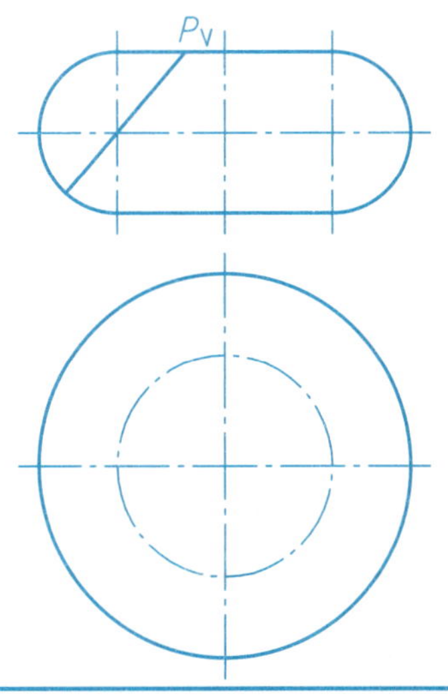

7. 作直线AB与圆柱的贯穿点，并表明可见性。

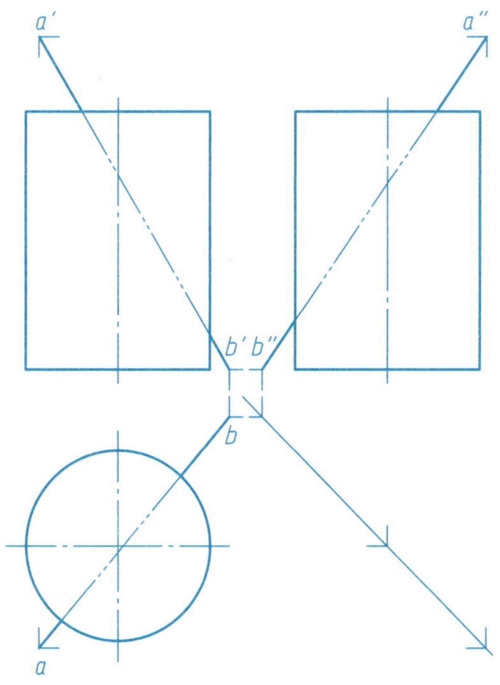

8. 作直线AB与斜圆锥的贯穿点，并表明可见性。

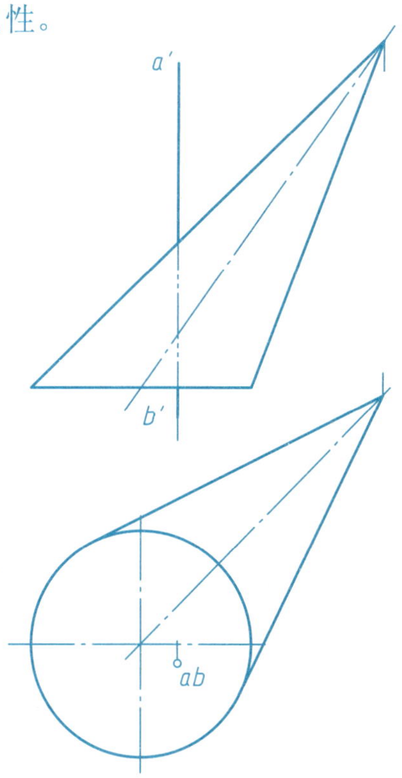

两平面立体相交，平面立体与曲面立体相交（一）

班级　　姓名　　审核　

1.作四棱柱与五棱柱的相贯线和相贯体的侧面投影。

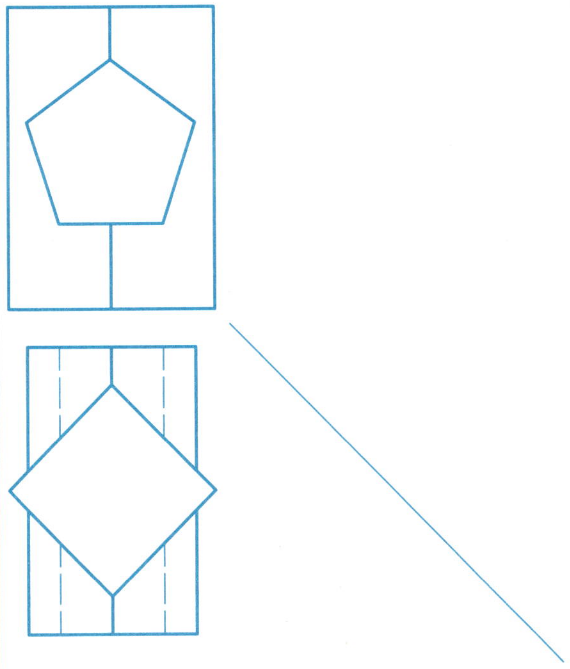

2.作三棱柱与三棱锥的相贯线，并补全相贯体的水平投影。

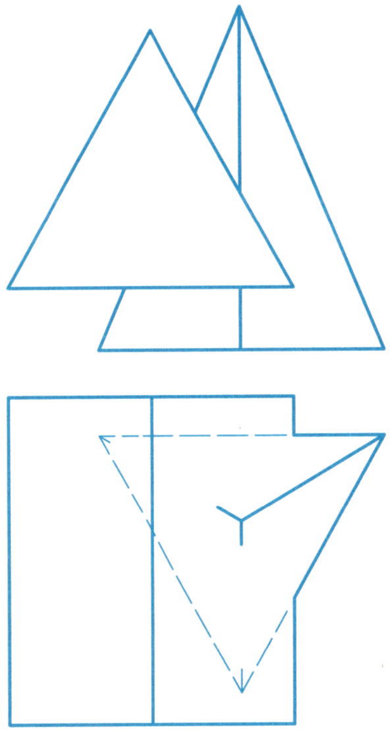

3.已知一坡度为60°的同坡屋面下房子模型的水平投影和正面投影。要求补画同坡屋面下房子的侧面投影，以及同坡屋面交线的三面投影。

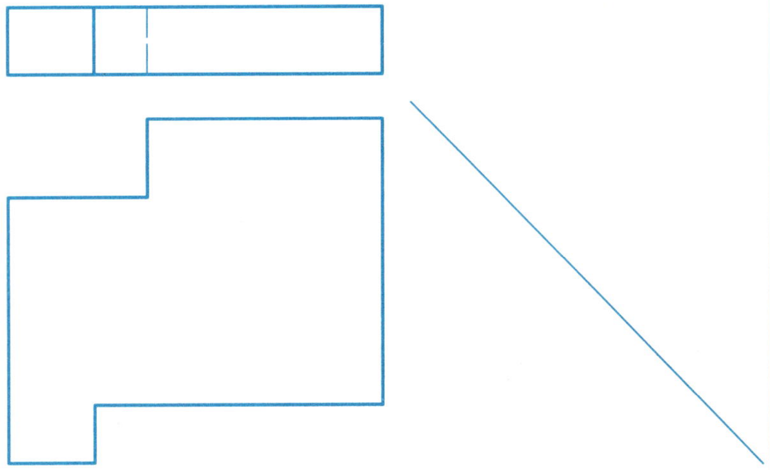

4.作屋面交线的水平投影，并补全这个房屋轮廓模型的水平投影。

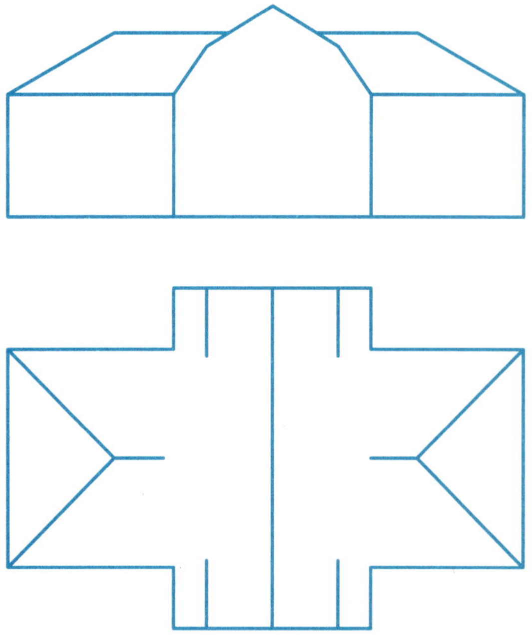

5.在大屋与小屋相交、烟囱（烟囱顶面高出屋脊2mm）与大屋相交组成的房屋轮廓模型的两面投影中作相贯线，并补全这个房屋轮廓模型的两面投影(不画大屋的后屋檐和右山墙的不可见轮廓线)。

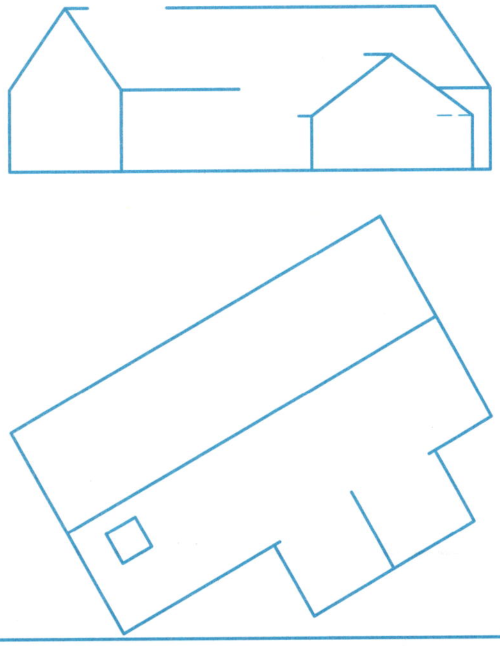

6.作四棱柱与圆柱的相贯线。

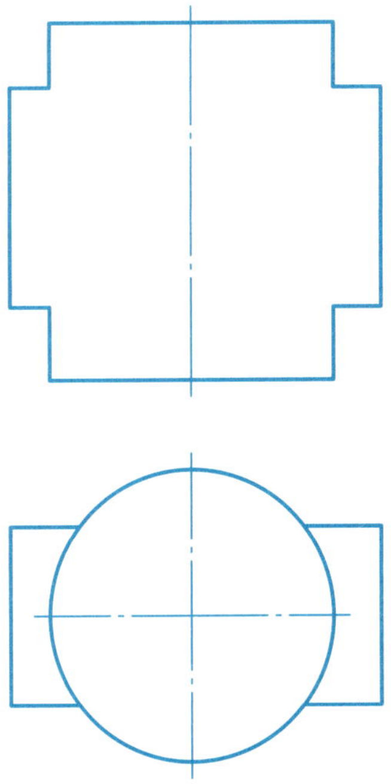

7.补全具有圆柱贯通孔的六棱柱的水平投影，并作出它的侧面投影。

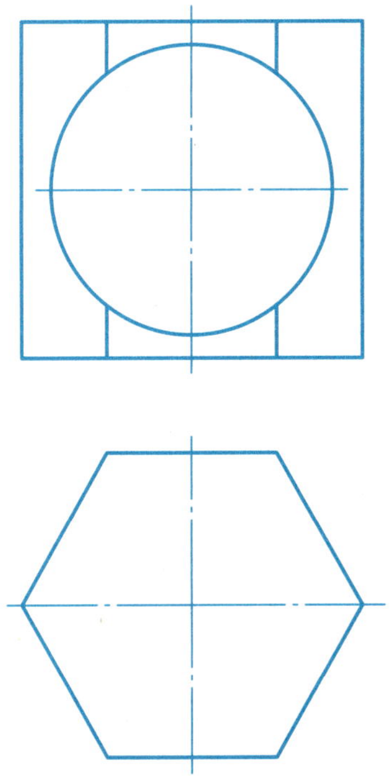

8.作四棱锥与圆柱的相贯线。

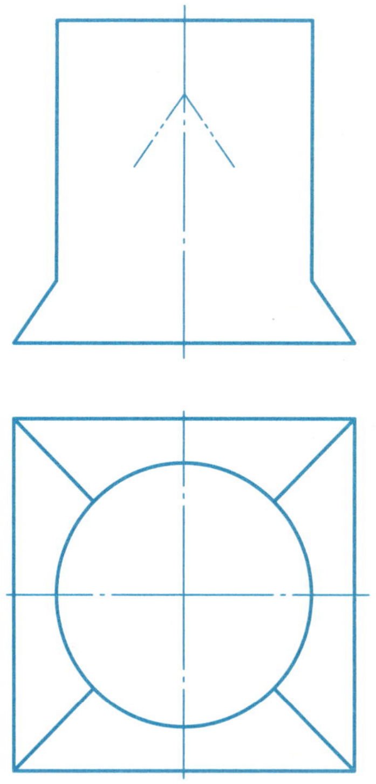

1. 作四棱柱与圆锥的相贯线。

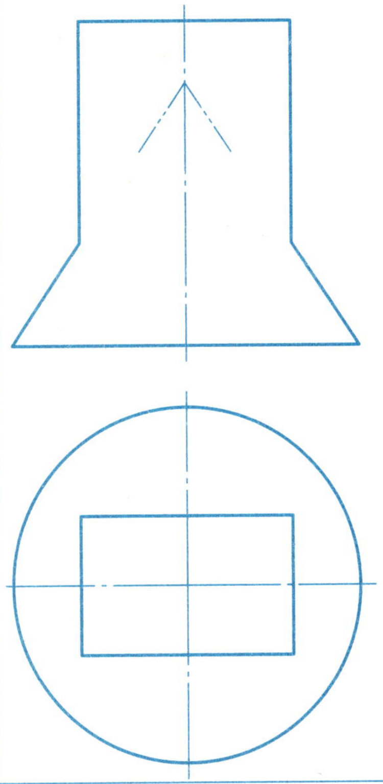

2. 补全具有四棱柱贯通孔的球的水平投影，并作出它的侧面投影。

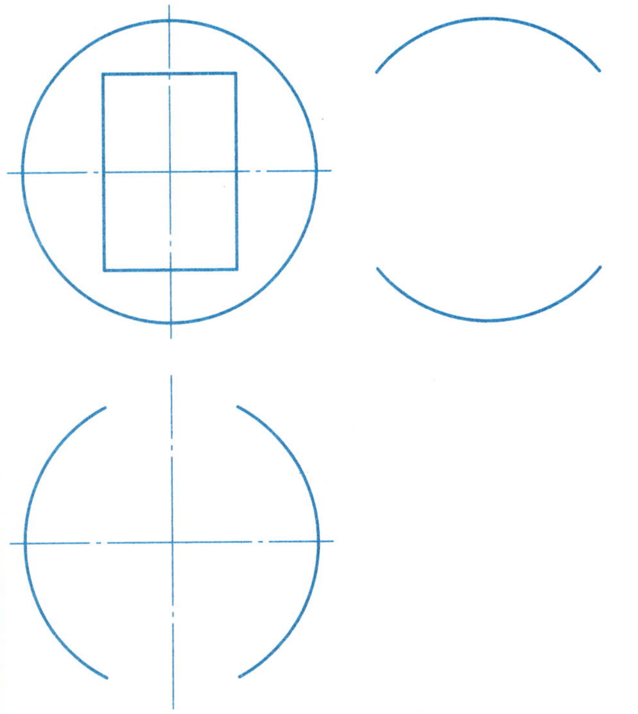

3. 作四棱柱与半环的相贯线。

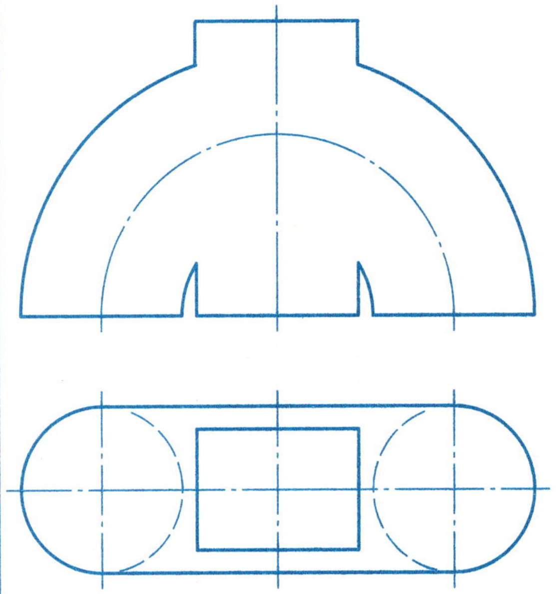

4. 补全拱顶房屋模型的水平投影。

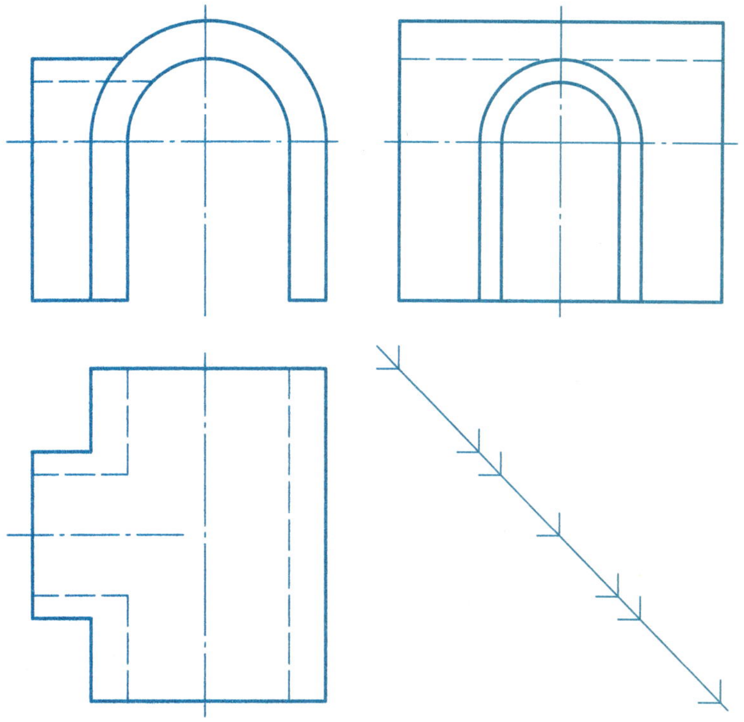

5. 作圆柱与圆锥的相贯线，并补全相贯体的水平投影。

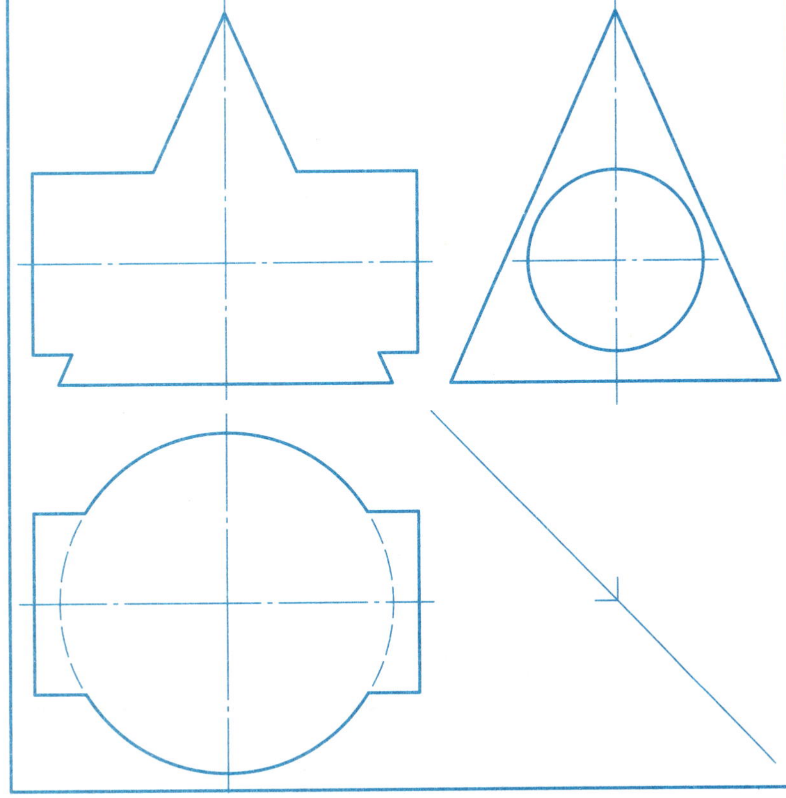

6. 作圆台与半球的相贯线。

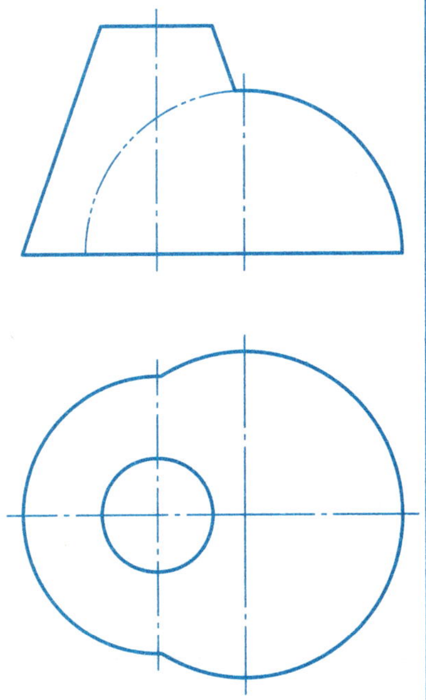

7. 作圆柱与四分之一环的相贯线。

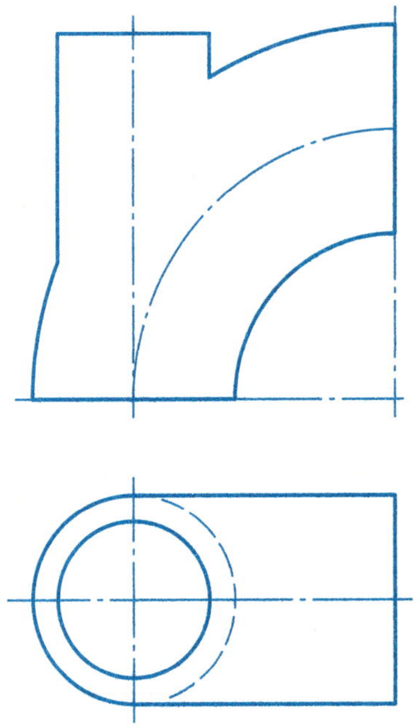

8. 铅垂圆柱与半球相切的组合回转体与侧垂圆柱相交，这个相贯体还具有正交、等径的圆柱贯通孔，补全这个具有双向贯通孔的相贯体的三面投影。

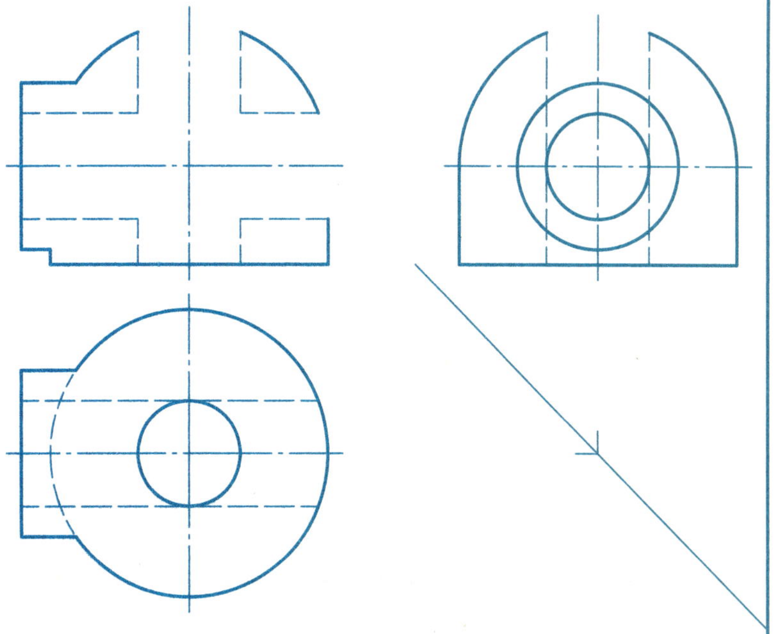

正等测

班级　　姓名　　审核

1. 作房屋模型的正等测。

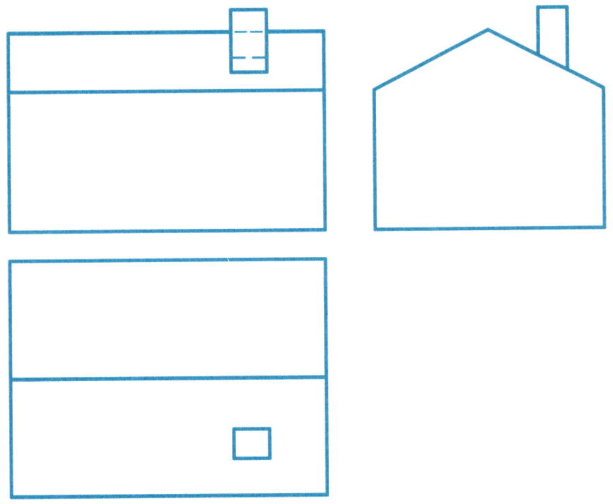

2. 作房屋轮廓模型的正等测。

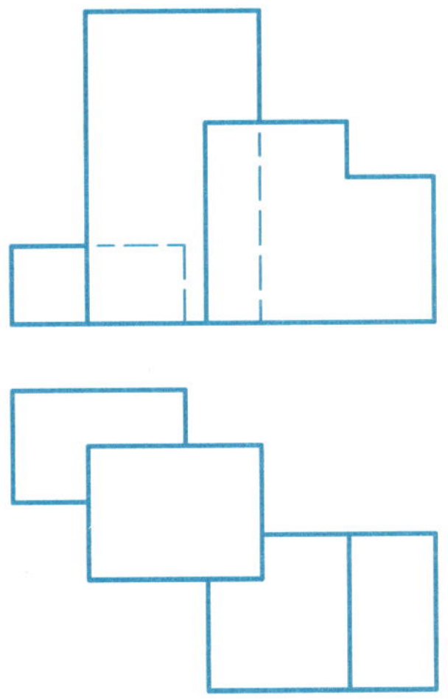

3. 作两侧有栏板的台阶的正等测。

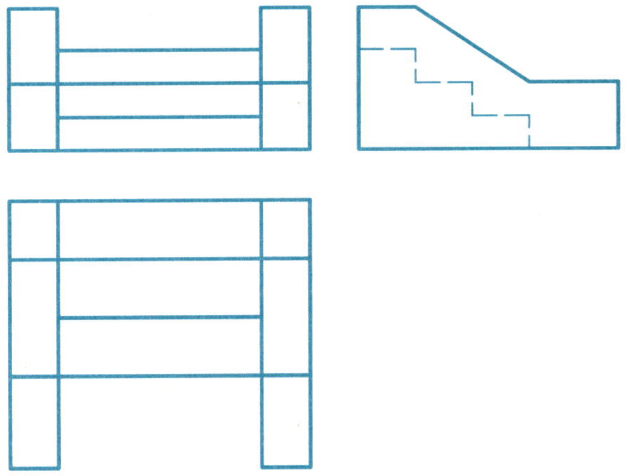

4. 作楼板的梁、板、柱节点的仰视正等测。

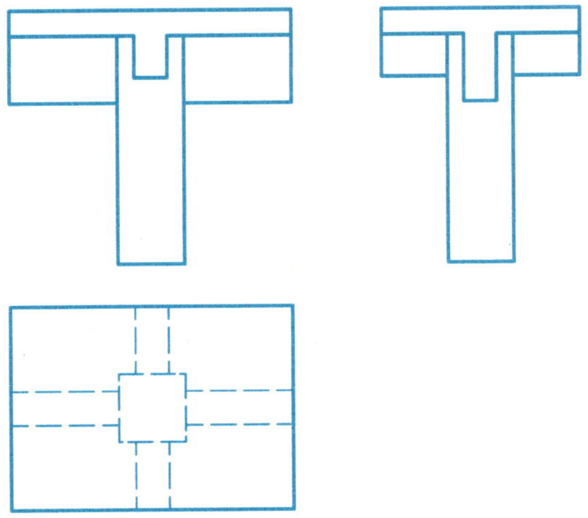

5. 作圆拱门的正等测。

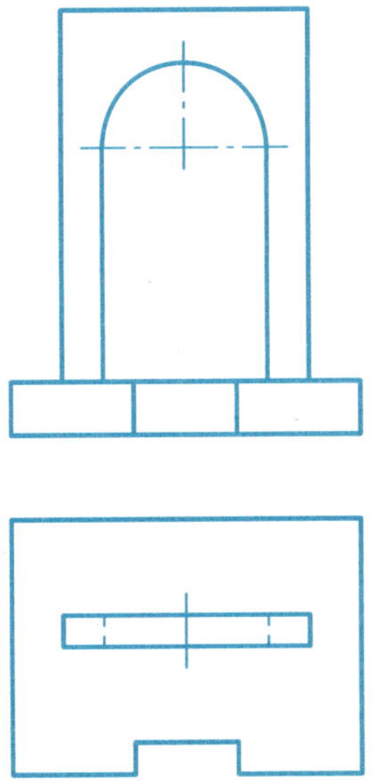

6. 作组合体的正等测。

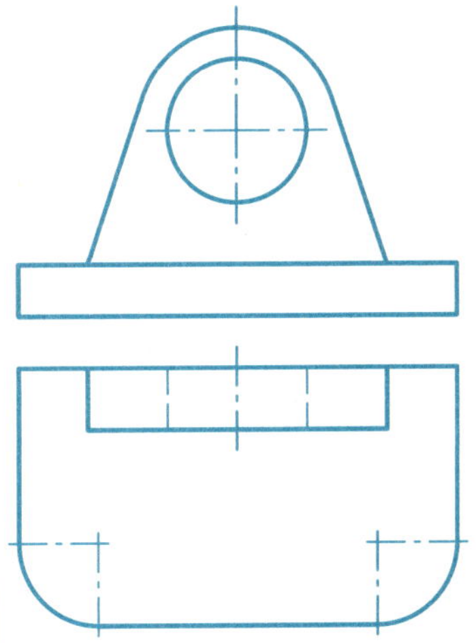

正面斜等测和正面斜二测	班级　　姓名　　审核	

1. 作转弯楼梯模型的正面斜等测。

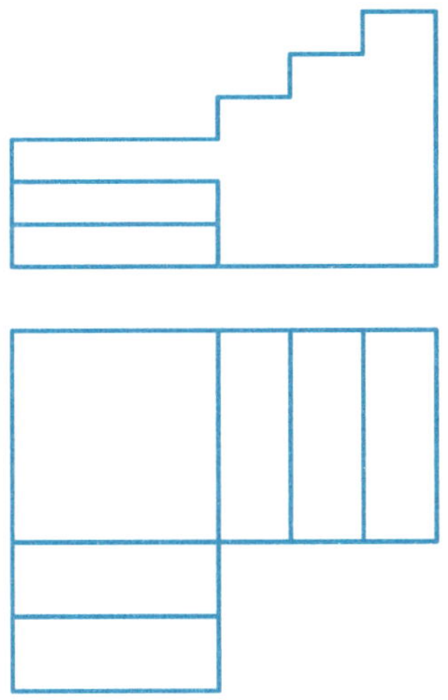

2. 作挡土墙模型的正面斜等测。

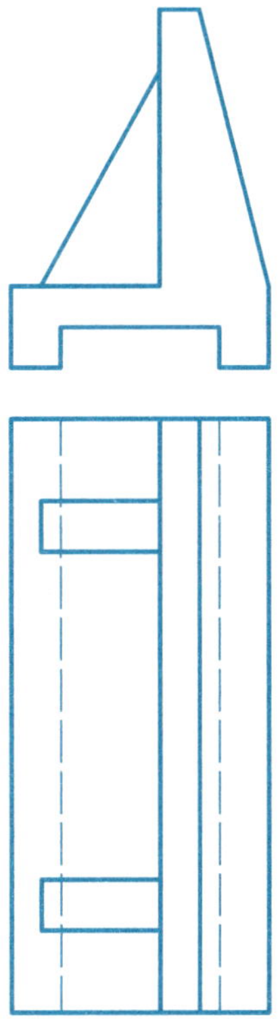

3. 作穿孔的圆柱、圆台组合体的正面斜等测。

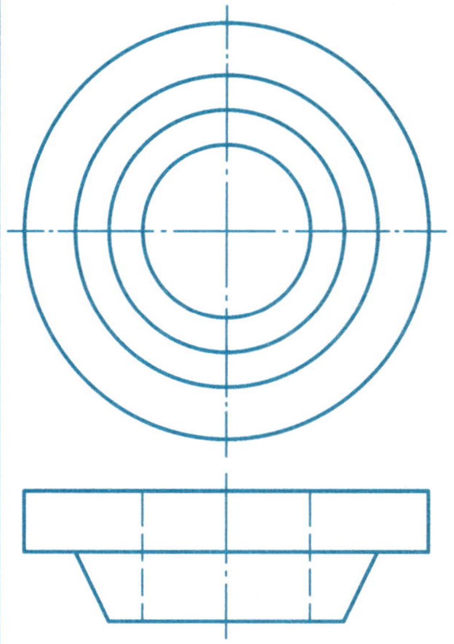

4. 作组合体的正面斜二测。

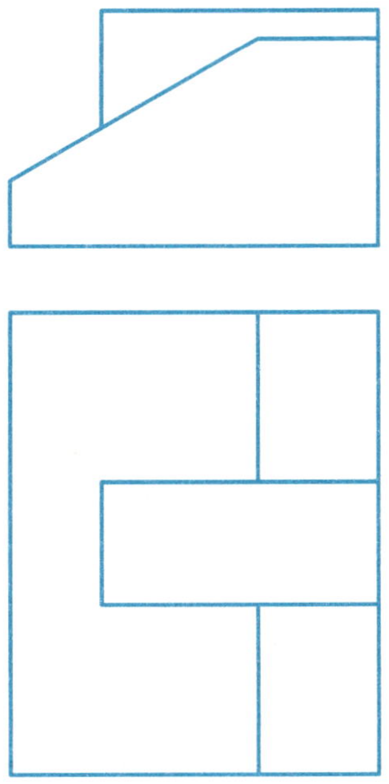

5. 作组合体的正面斜二测。

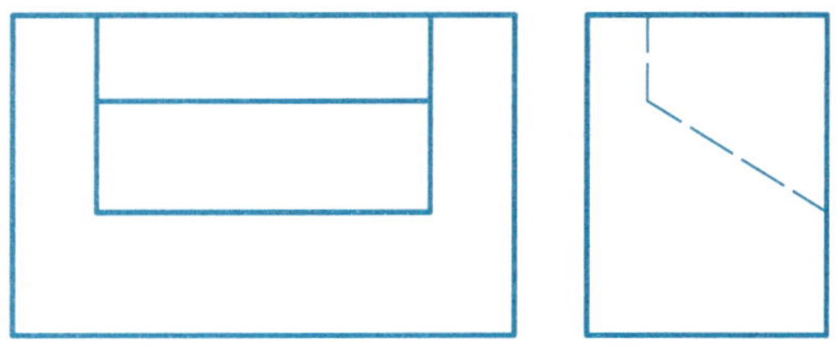

6. 作拱桥模型的正面斜二测。

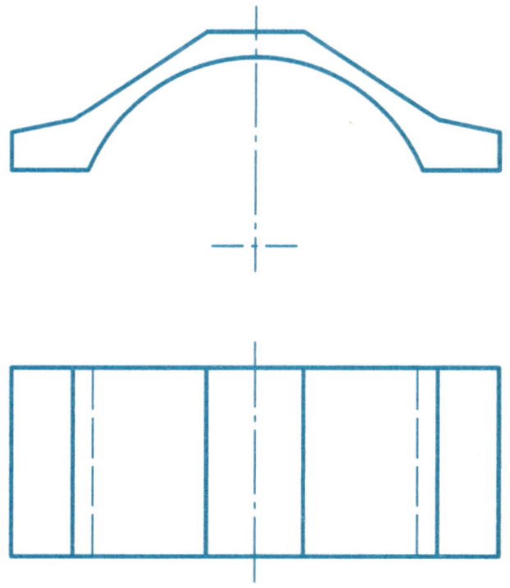

1. 已知直线段AB的标高投影，求作AB对水平面的倾角α，真长、坡度、平率，并在AB的标高投影上作出刻度。

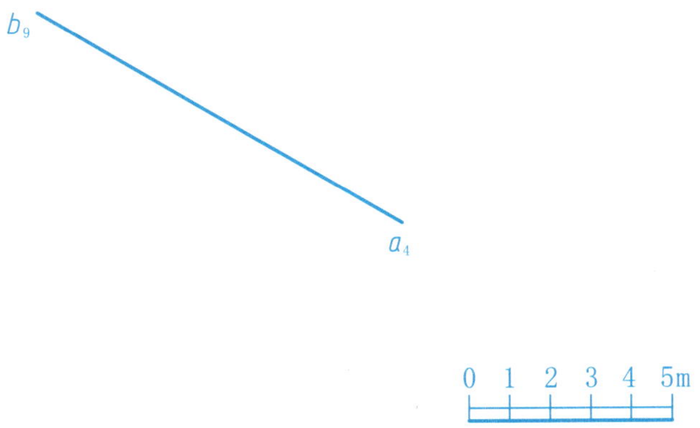

2. 已知直线段AB的端点A、下降方向和坡度，另一端点B的高程为12m，在直线段AB上有一点C，与端点A的水平距离为6m，求作直线段AB和点C的标高投影。

3. 已知平面P由直线段AB和点C所确定，求作平面P上的等高线，平面P与水平面的倾角α，平面P的坡度和坡度比例尺P_i。

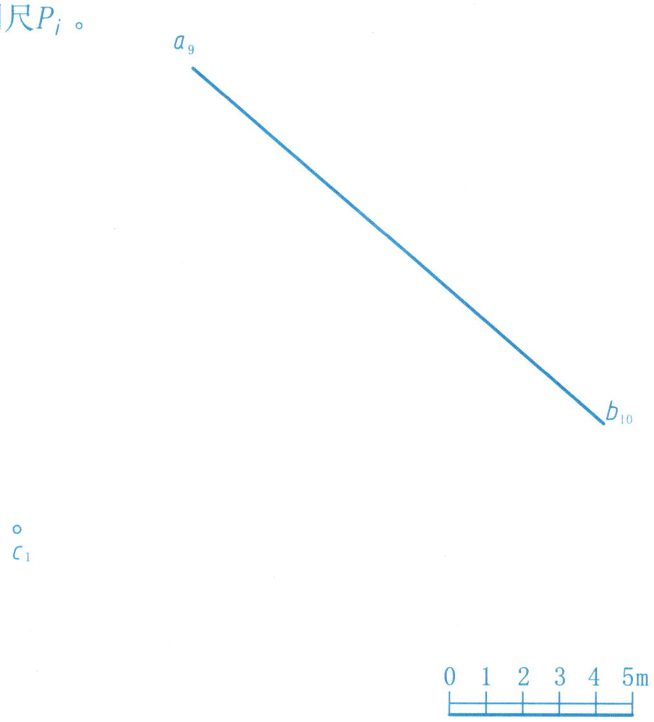

4. 平面P由坡度比例尺P_i表示，平面Q由直线线段AB和平面Q的坡度及其大致下降方向确定，求作平面P和Q的交线。

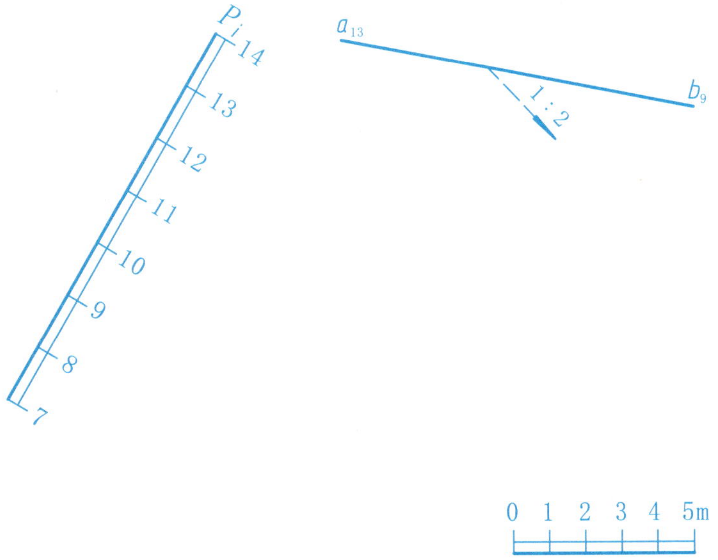

5. 在高程为4m的平地上筑大堤与小堤，堤顶的高程和边坡的坡度如图中所示，求作小堤顶面与大堤前坡面的交线，补全小堤顶面，并作出各坡面与地面的交线，以及坡面与坡面的交线。

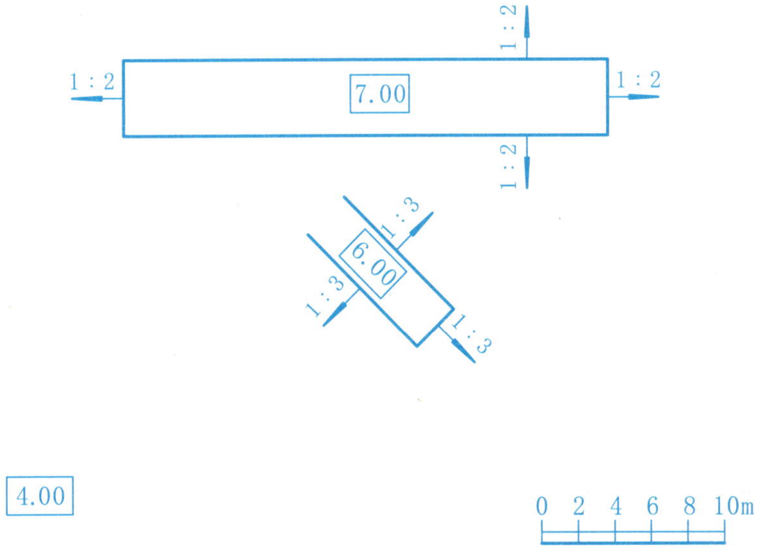

6. 在高程为零的地面上挖一基坑，右端有从地面下来的一条斜引道，已知坑底和一段斜引道路面的标高投影、斜引道路面的坡度、各边坡的坡度，求作各坡面、斜引道路面与地面的交线，坡面与坡面的交线，并补全斜引道路面。

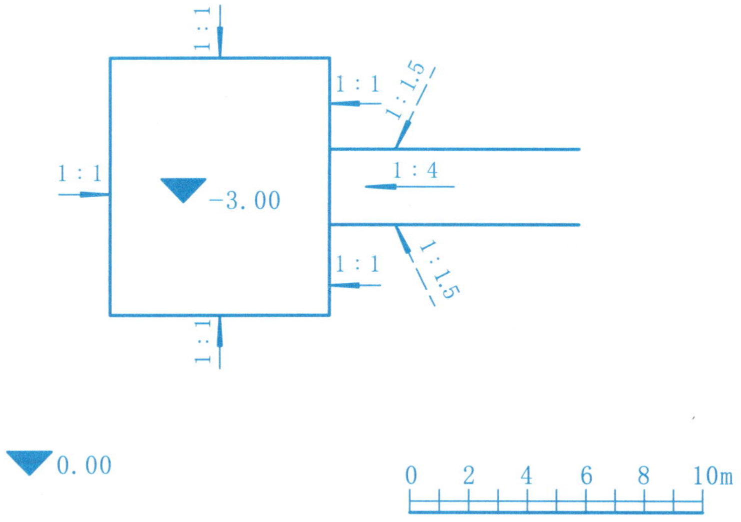

1. 已知在标高为零的地面上有一个圆锥面，锥顶为a_4，坡度为1∶1，作出它与地面的交线和圆锥面上的等高线；另外，又挖一个倒圆锥面，锥顶为b_{-4}，坡度为1∶1.5，也作出它与地面的交线和倒圆锥面上的等高线。

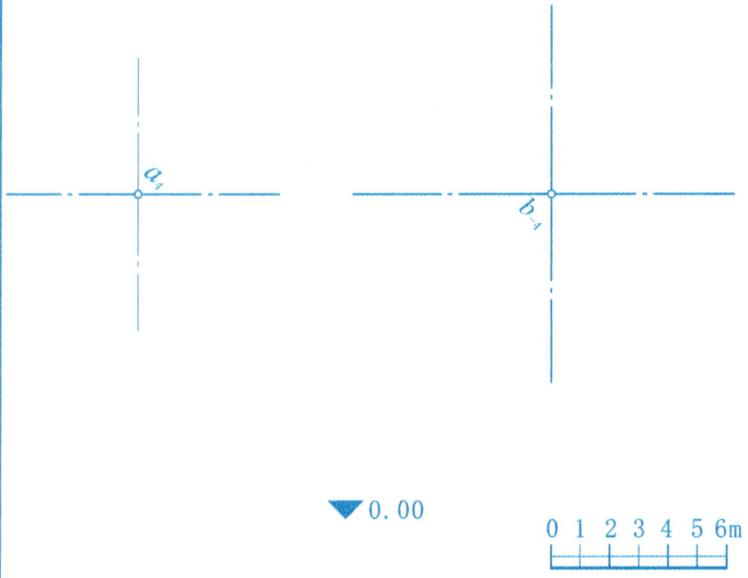

2. 已知圆形平台顶面、地面和斜引道顶面的标高投影，平台坡面的坡度为1∶1.5，斜引道两侧坡度为1∶1，求作坡面与地面、坡面与坡面的交线。

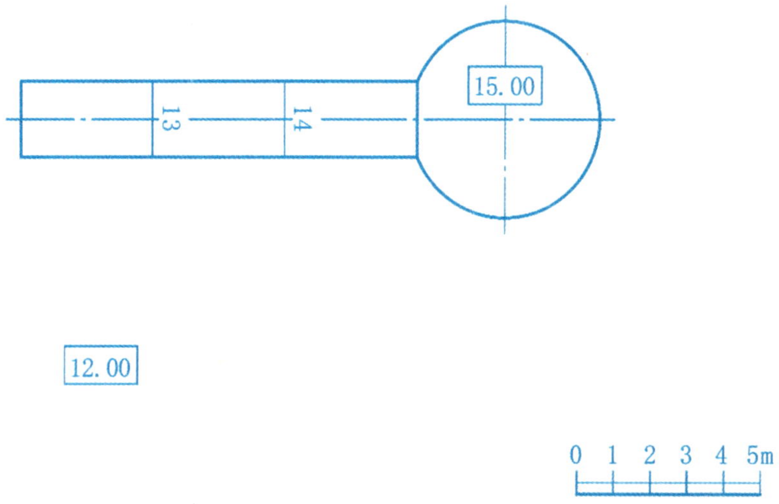

3. 已知在高程为20m的地面上有一段圆柱螺旋线AD，作出AD上的整数高程的点。以AD为脊线求作两侧同坡曲面与地面的交线，以及在这两个同坡曲面上的等高线，两侧同坡曲面的坡度为1∶1.5，两侧同坡曲面的右侧边界线分别画到曲面上过点D的坡度线为止。

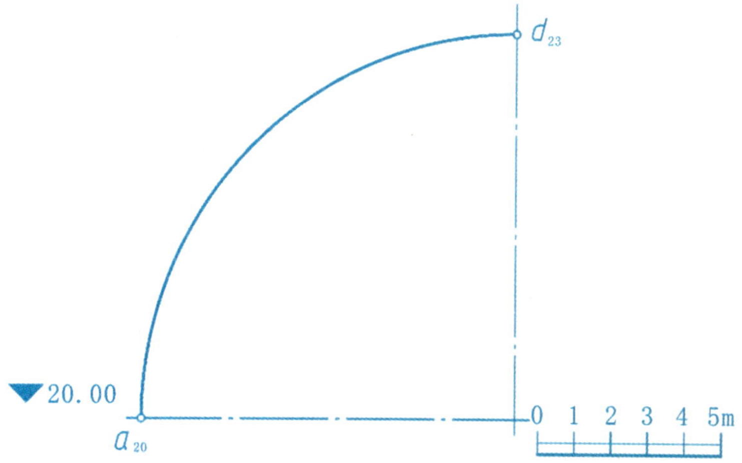

4. 已知地面高程为27m，坑底高程为24m，有一弯曲坡道通到坑底，各个坡面的坡度都是1∶1，求作坡面与地面、坡面与坡面的交线。

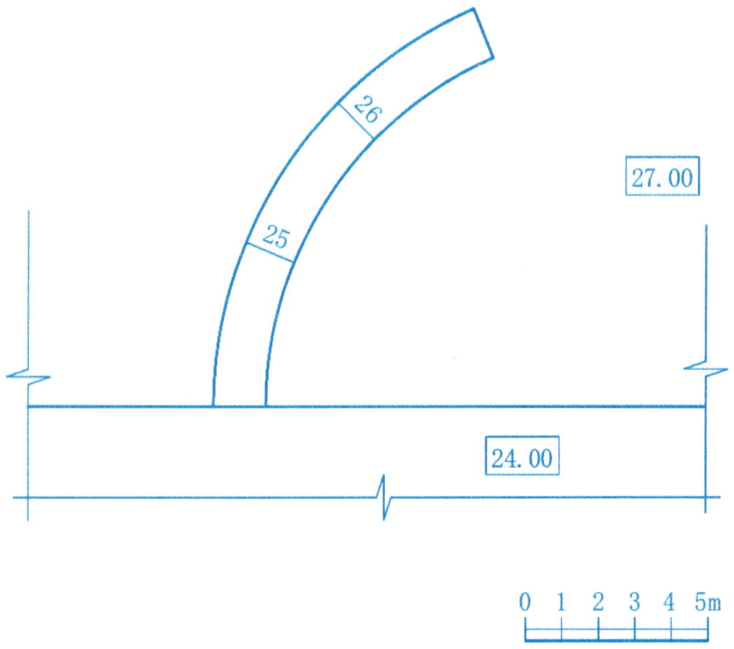

5. 直线管道从点A至点B，作出管道与地面的贯穿点的标高投影，并将管道的可见投影用粗实线单线画出，不可见投影用中虚线单线画出。

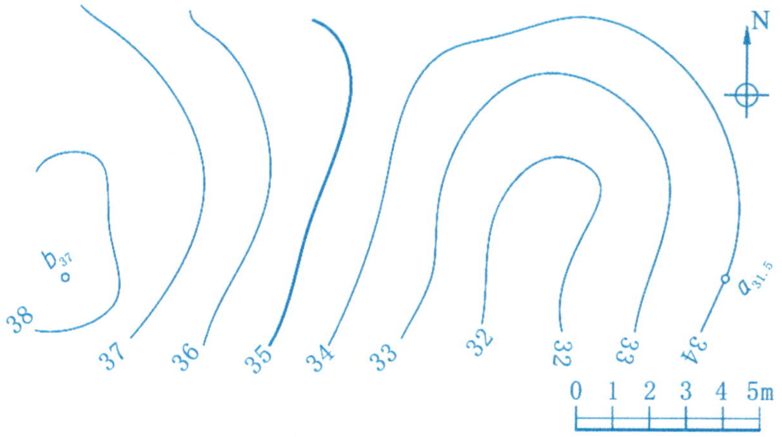

6. 在地面上挖一个基坑，已知基坑底面的高程和基坑北坡的底边，北坡的坡度为1∶1，求作在折断线以内的北坡与地面的交线。

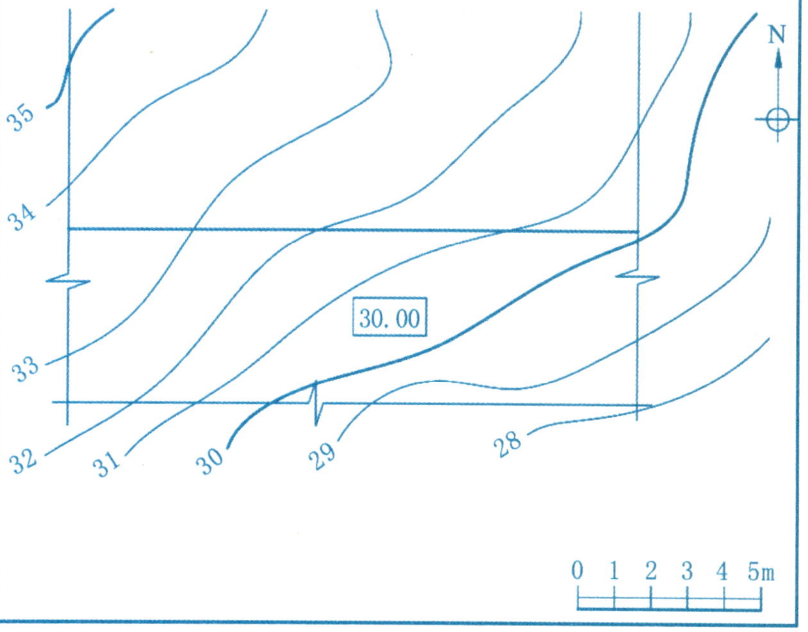

1. 求作广场及斜引道的坡边线以及坡面与坡面的交线，坡面的挖方坡度为3∶2，填方坡度为1∶1。

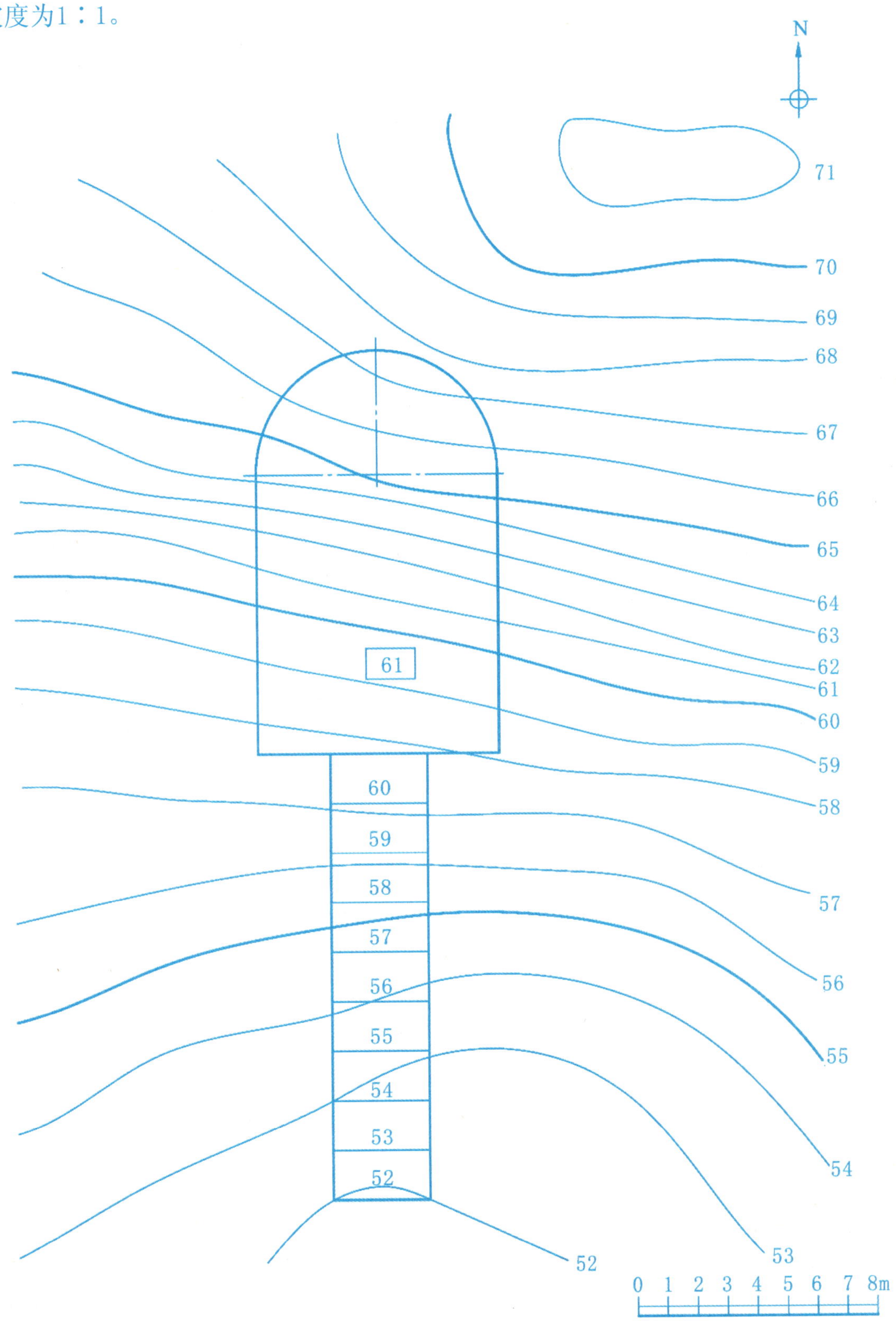

2. 在河道上填筑一个有马道的土坝，已知地形图上的坝轴线和坝的标准断面，作出这个土坝的标高投影，包括作出所有的坡脚线［右下角所附的示意图仅供参考；坝顶两端与地面的交线（即地形图上标高为45.00m的等高线）可按内插法目估画出］。

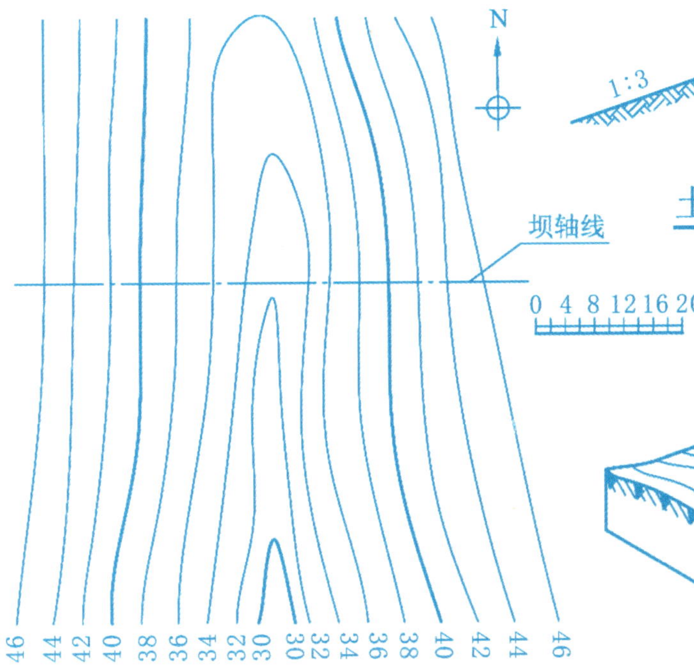

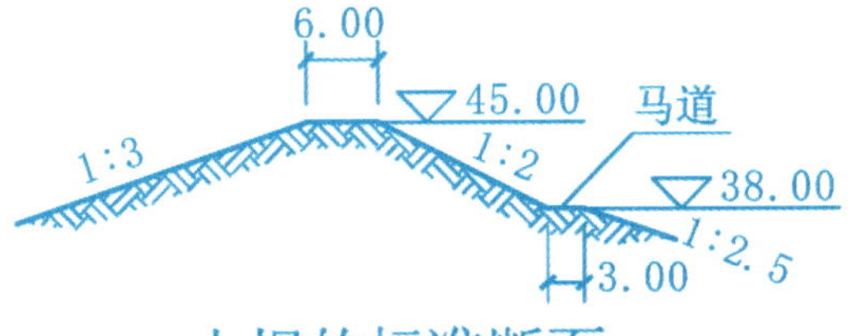

土坝的标准断面

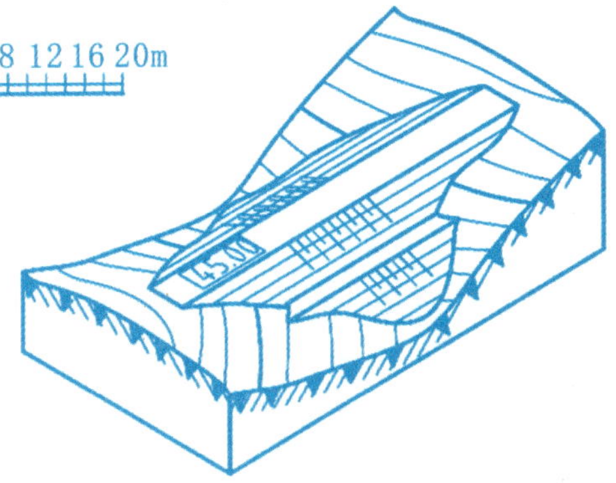

土坝的示意图

3. 已知带有弯道的斜坡道路和地面的标高投影，填方坡度为1∶2，挖方坡度为1∶1.5，求作坡边线。

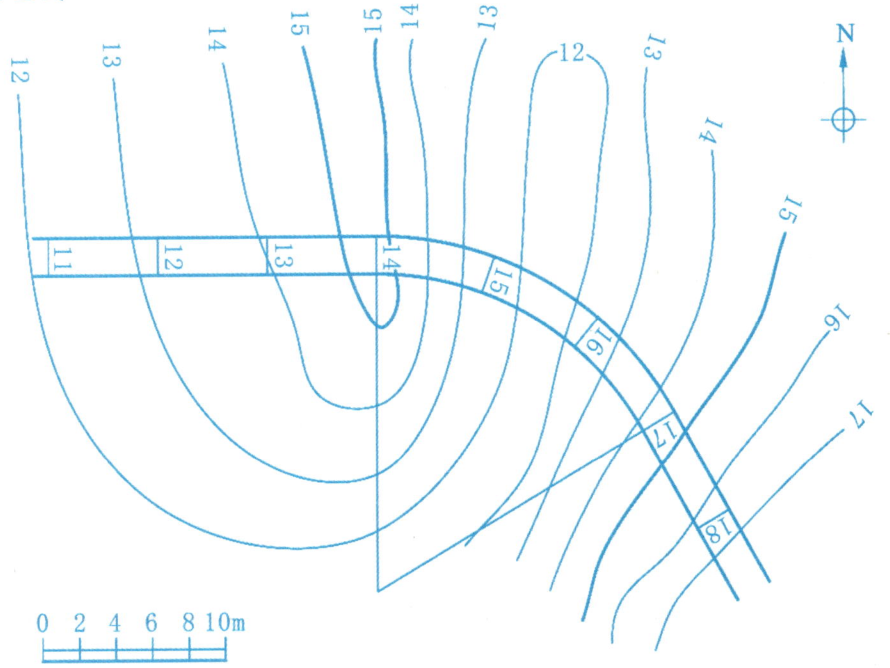

由组合体的轴测图画三面投影（一）（在轴测图上按轴线方向1：1的比例量取尺寸） 班级 姓名 审核

1.

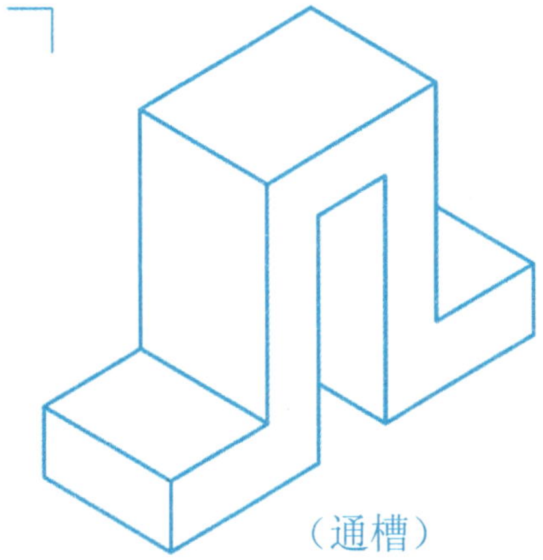

2.

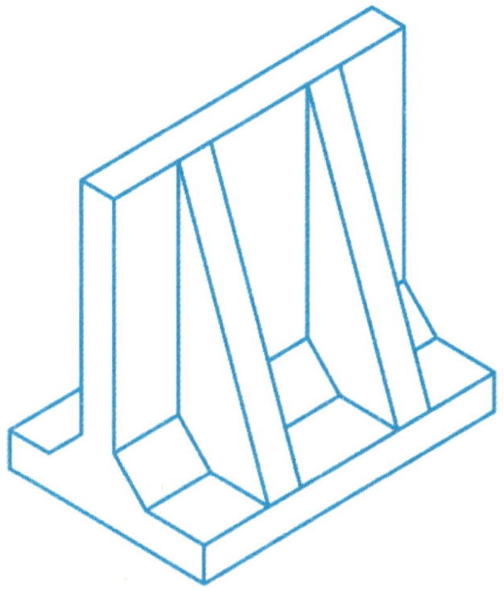

3.

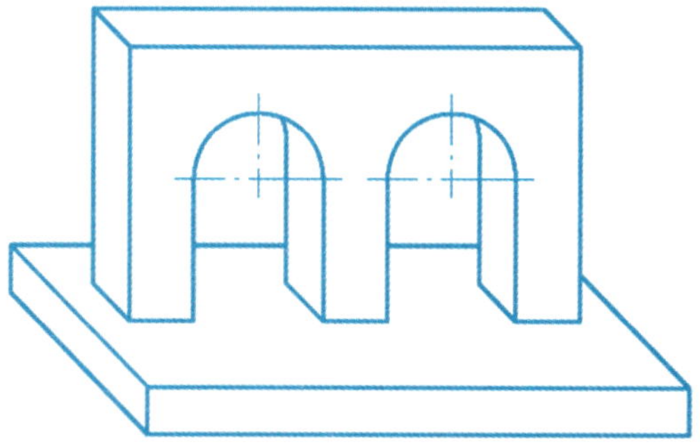

4.

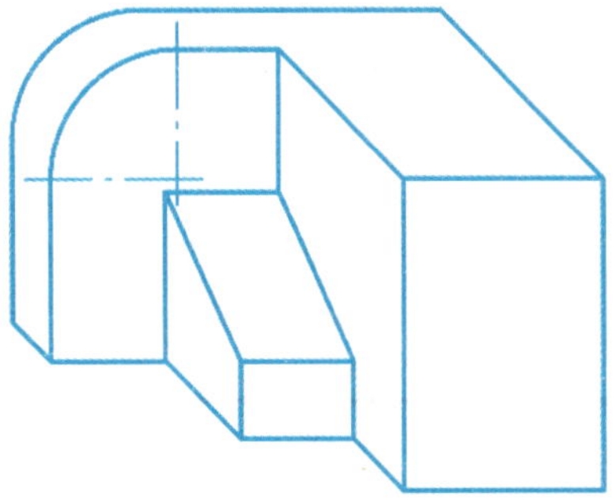

5.

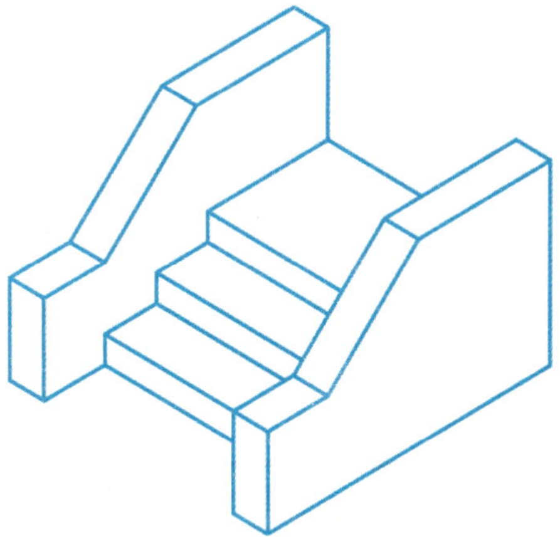

6.

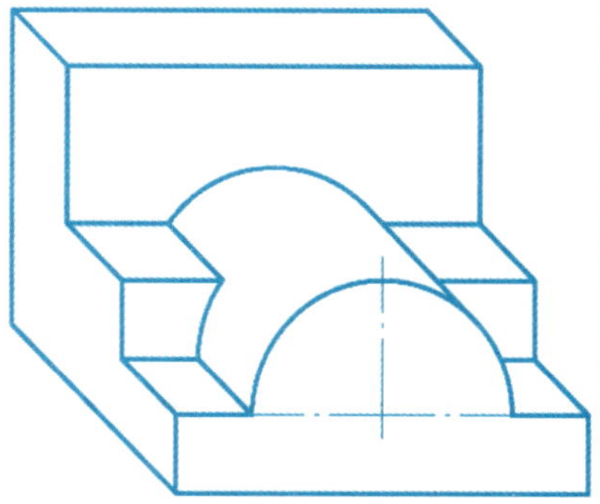

由组合体的轴测图画三面投影（二），以及给组合体三面投影标注尺寸

班级　　姓名　　审核

1. 由组合体的轴测图画三面投影（尺寸在轴测图上按轴线方向1：1量取，三面投影图上不标注尺寸）

(1)

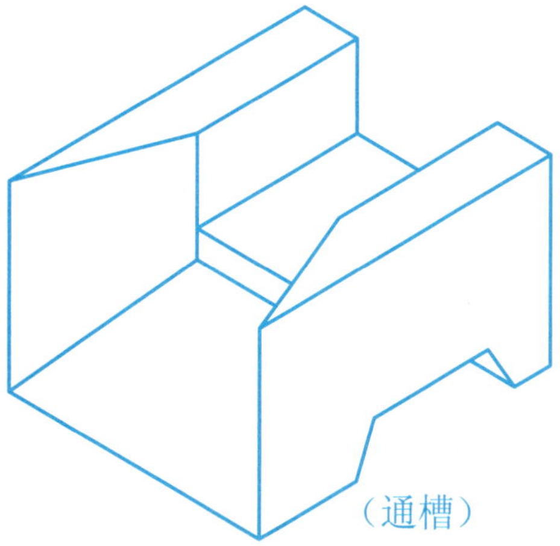

（通槽）

(2)

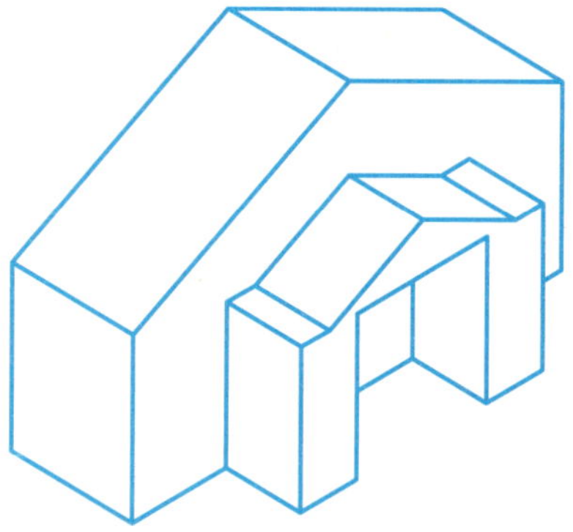

(3)

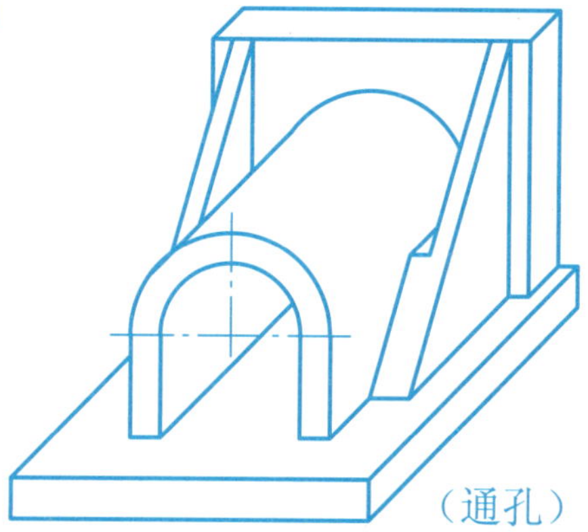

（通孔）

2. 分析已给的投影图，在合适位置上标注出形体的尺寸（尺寸数字直接从图中按1：1量取）

(1)

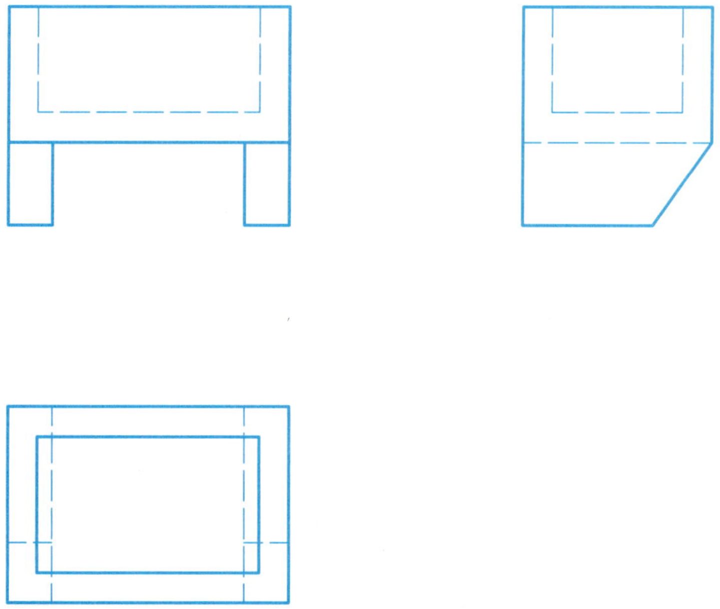

(2)

由组合体的两面投影补第三面投影（一）

班级　　姓名　　审核

1.

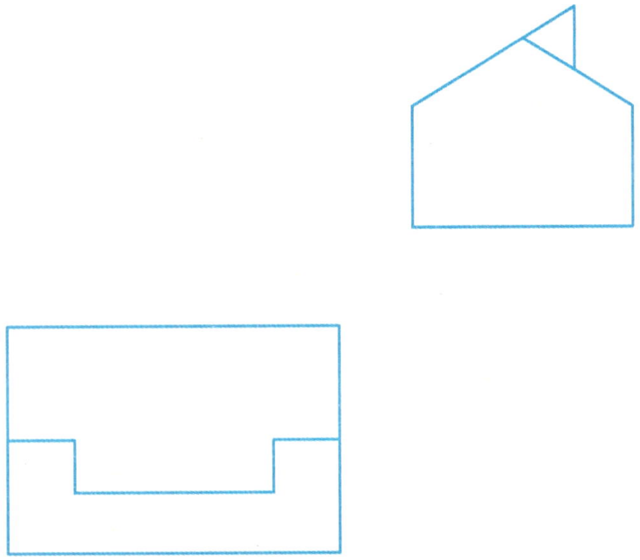

2.

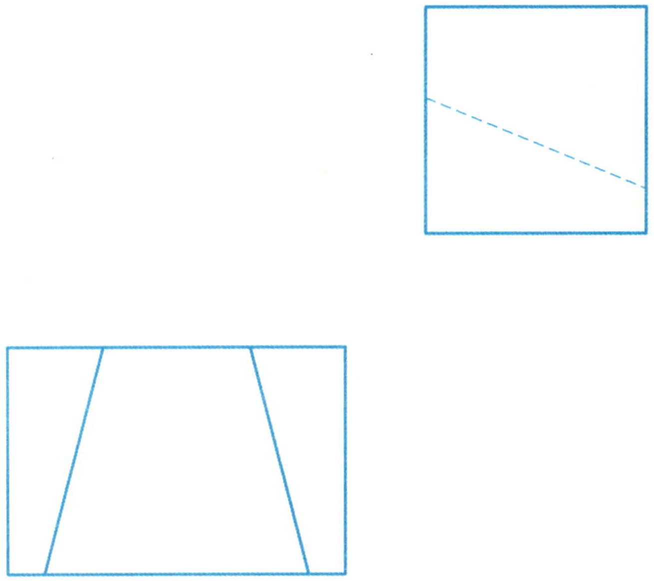

3.

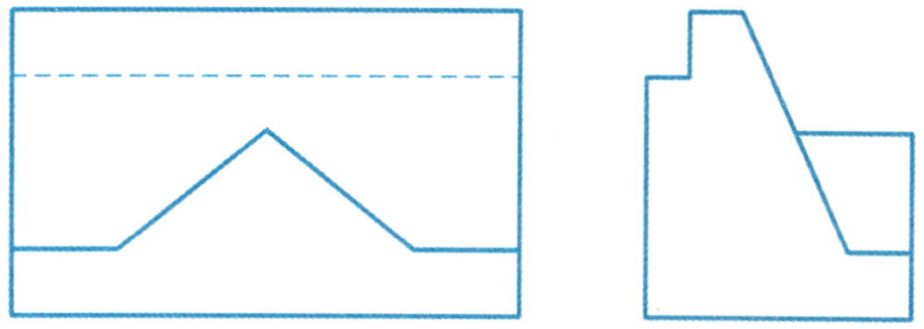

4.

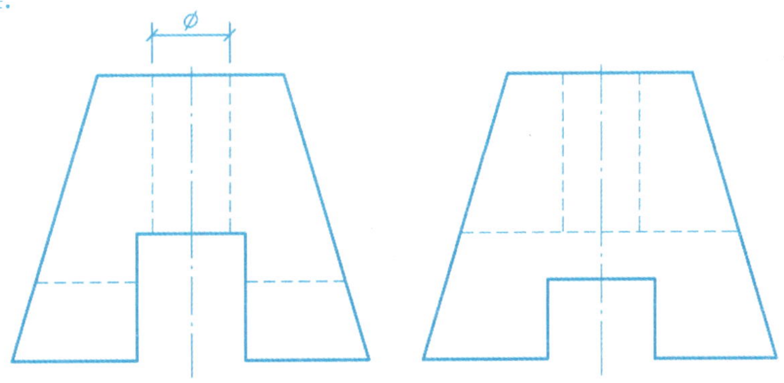

5.

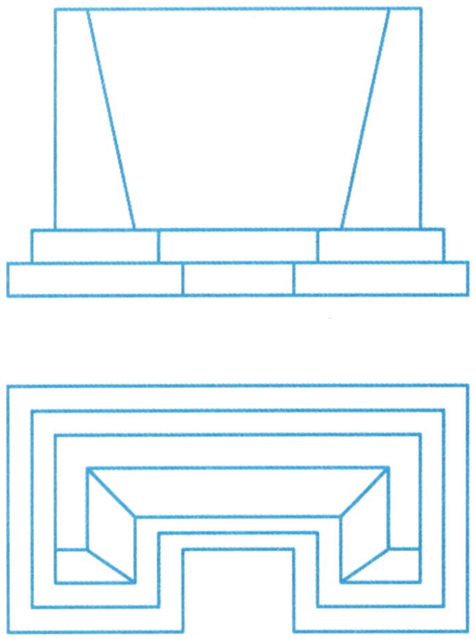

6.

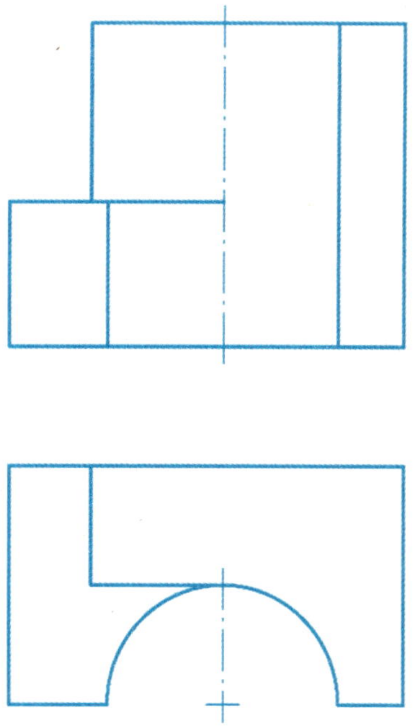

由组合体的两面投影补第三面投影（二），补全组合体投影图中的漏线　　班级　　姓名　　审核　　

1. 由组合体的两面投影补第三面投影。

（1）

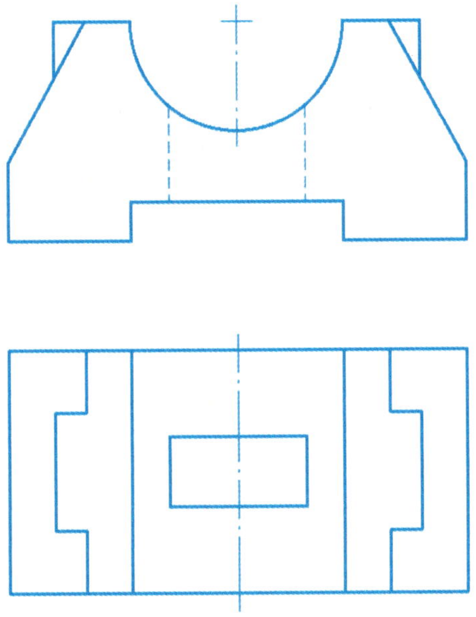

（2）

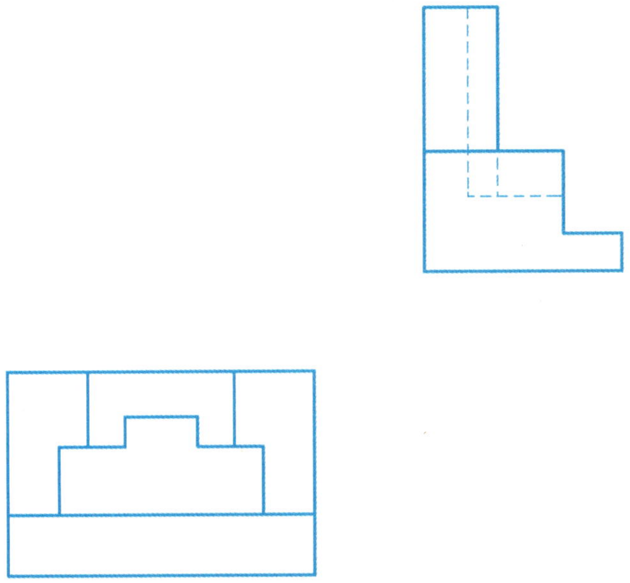

（3）

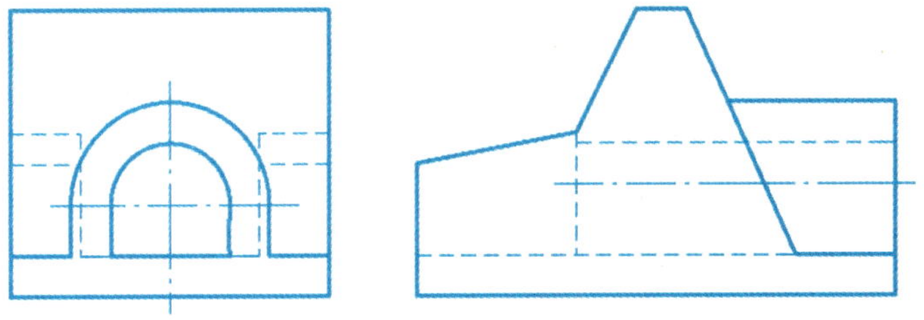

2. 分析已给组合体的不完整三面投影，补全投影图中的漏线（所有不可见的投影轮廓线都要用中虚线画出）。

（1）

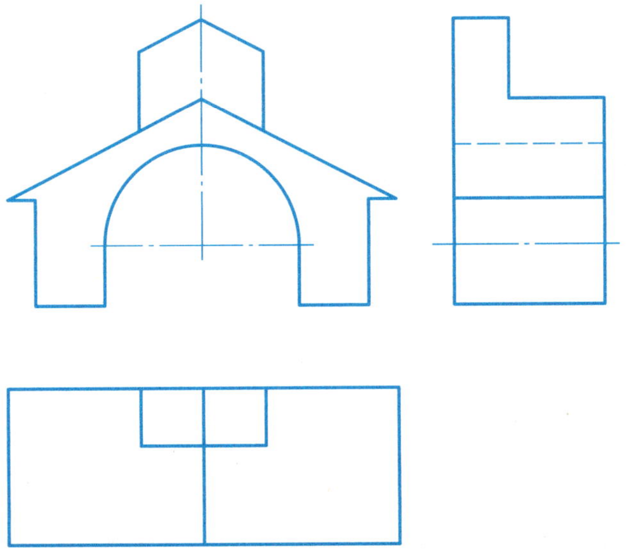

（2）

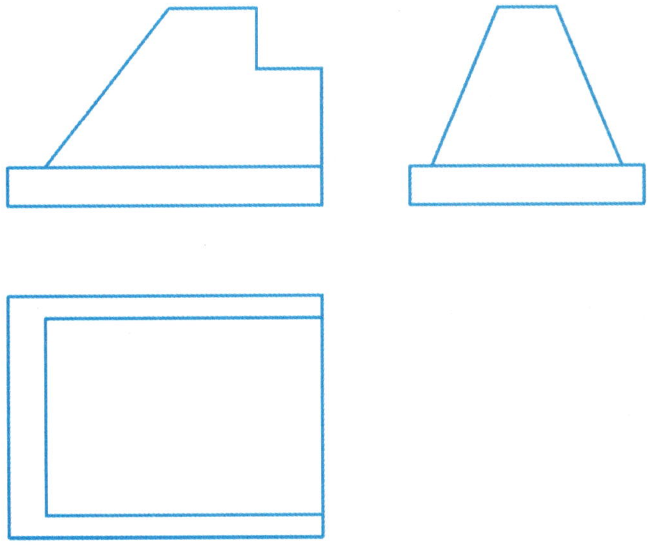

（3）

作业　由轴测图画三视图，并标注尺寸

一、图名

组合体的三面投影图。

二、目的

1. 熟悉徒手画草图的方法。
2. 掌握用三面投影图表达组合体的画法。
3. 练习组合体的尺寸标注。
4. 掌握使用绘图仪器绘制图样的技能。

三、图纸

A3图纸。

四、内容

按这两个模型已给的尺寸，先在下页的方格纸上以1∶1的比例徒手画草图，并标注尺寸；再以1∶1的比例按尺寸在A3图纸上，用仪器和工具将已画出的徒手草图画成铅笔底稿图，校核后清理图面，按规定线型加深后写字。

五、要求

1. 草图和用绘图仪器画的作业尺规图都按立式绘制，各个投影图的位置布置要恰当，并留有标注尺寸的位置。

2. 草图和尺规图上的各种图线应粗细分明，同种线型的线宽应保持一致。建议粗实线宽约0.7mm，中粗实线宽约0.5mm，中实线和中虚线宽约0.35mm，细实线、细单点长画线宽约0.18mm。

3. 图样上的图名用7号长仿宋字体书写，比例用5号斜体字书写，尺寸数字用3.5号斜体字书写。

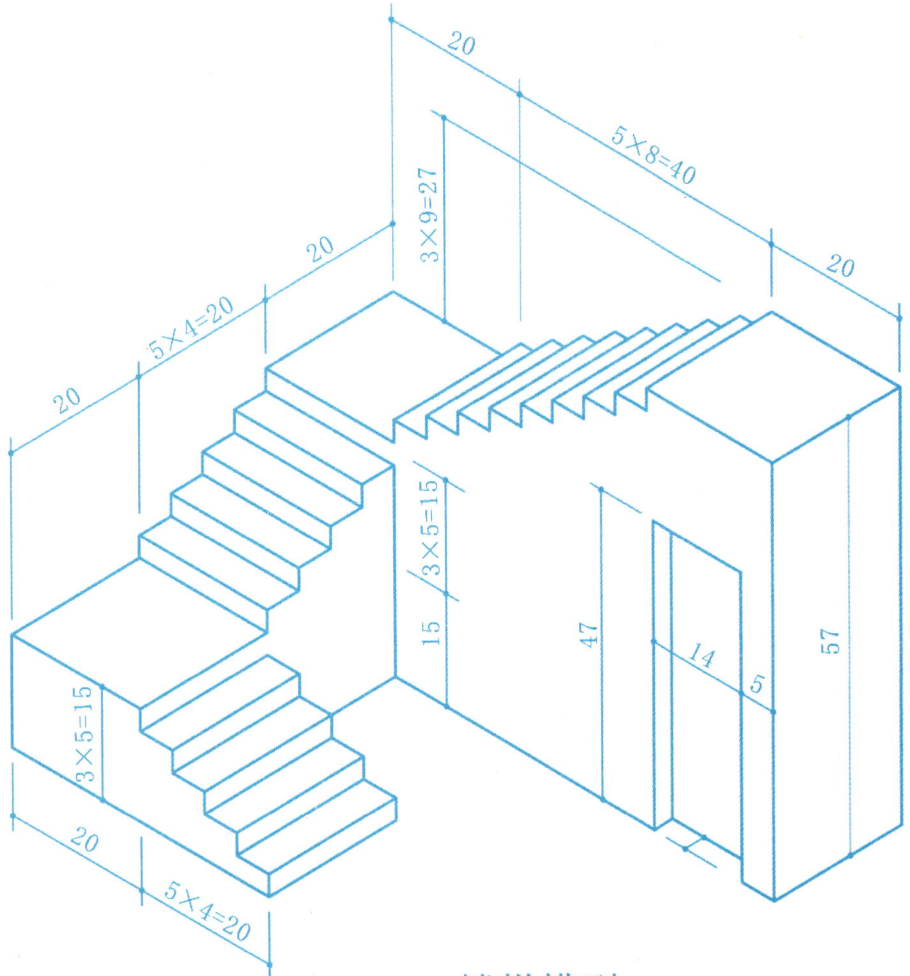

楼梯模型

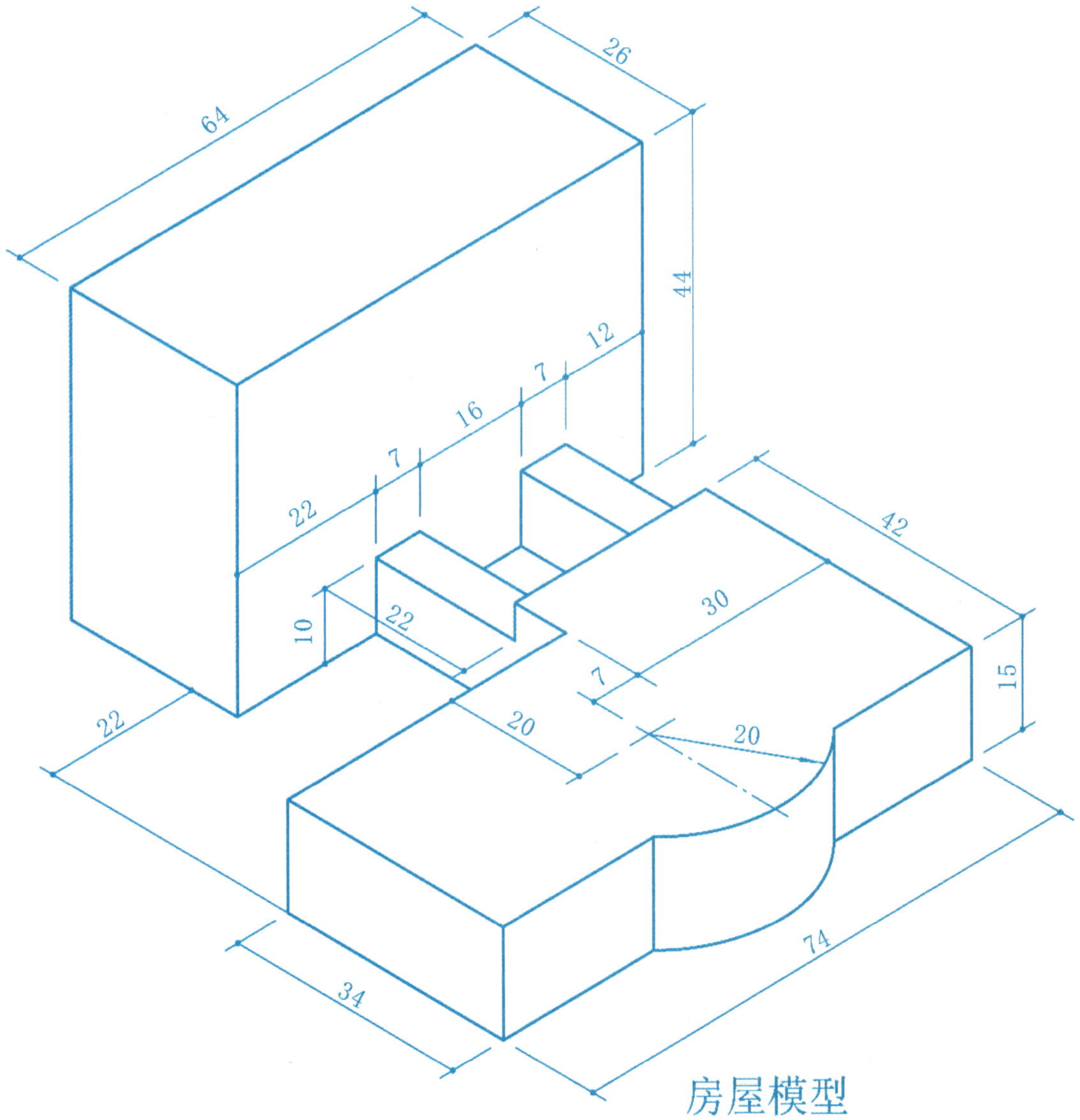

房屋模型

画上页所示的两个组合体的三面投影草图，并标注尺寸

班级 姓名 审核

1. 已知平行于正面的平面图形真形如下图所示，（a）画出将其向后拉伸40mm后所构建立体的水平投影。（b）画出绕已知图形最右侧的铅垂边旋转一周所构建立体的正面投影和水平投影。

（a） 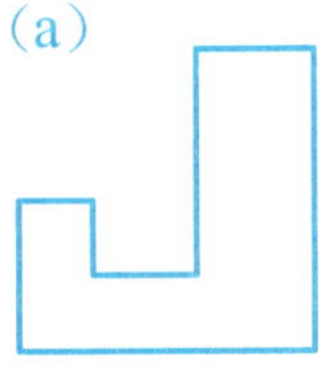 （b）

2. 已知边长30mm的立方体，直径24mm、高10mm的圆柱体，端面直径为12mm和18mm、高8mm的圆台。试按构型设计的要求构建下列前后和左右都对称的组合体，画出它们的水平投影和正面投影：（a）立方体与圆柱叠加后再切割掉圆台；（b）从立方体上切割掉圆柱体和圆台；（c）这三个立体叠加。

（a） （b） （c）

3. 以同样的正面投影构建四个形状不同的组合体，补画它们的水平投影和侧面投影。

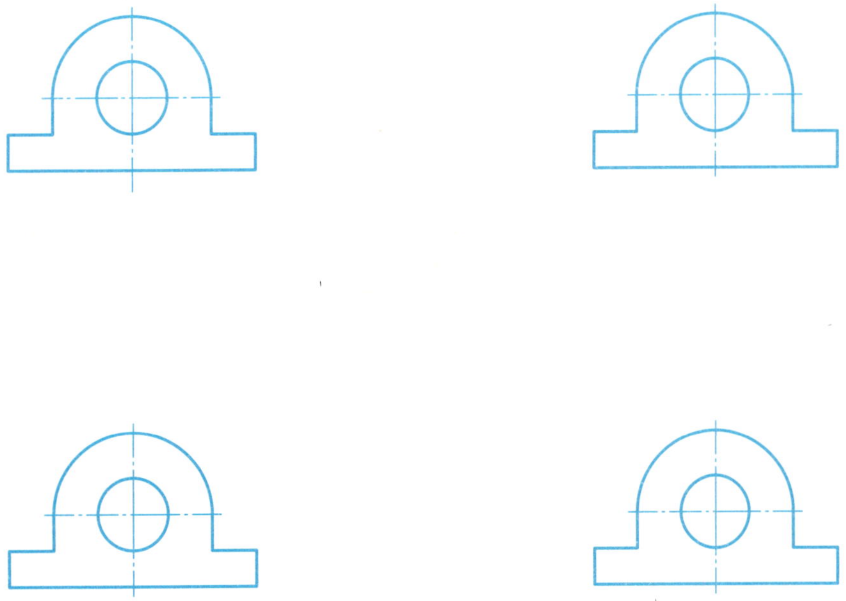

4. 在已知立体的三面投影右侧，画出与其互补成 $l\times b\times h$ 的长方体的立体的三面投影。

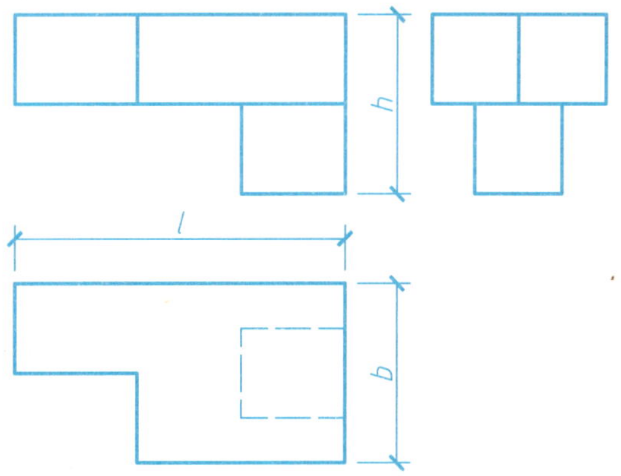

5. 在已知立体的三面投影右侧，画出与其互补成 $\phi d\times l$ 的圆柱体的立体的三面投影。

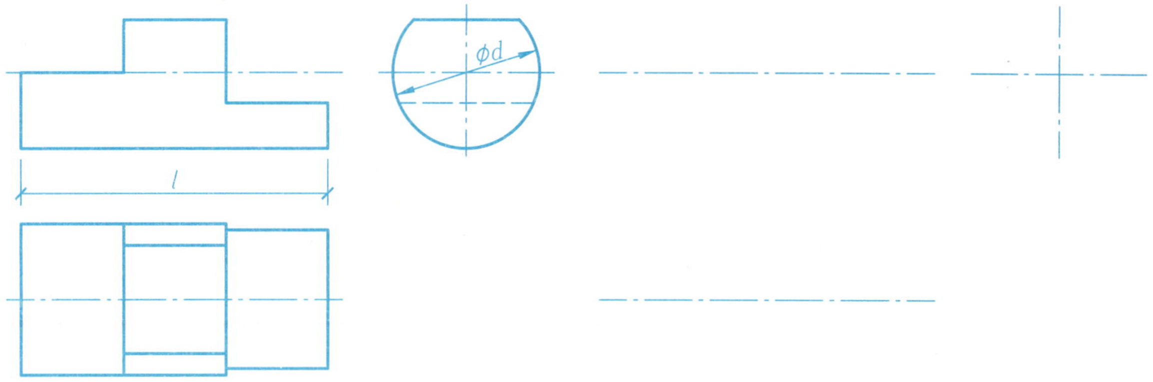

1. 补绘建筑形体的左侧立面图和右侧立面图(不可见的投影都用中虚线画出）。

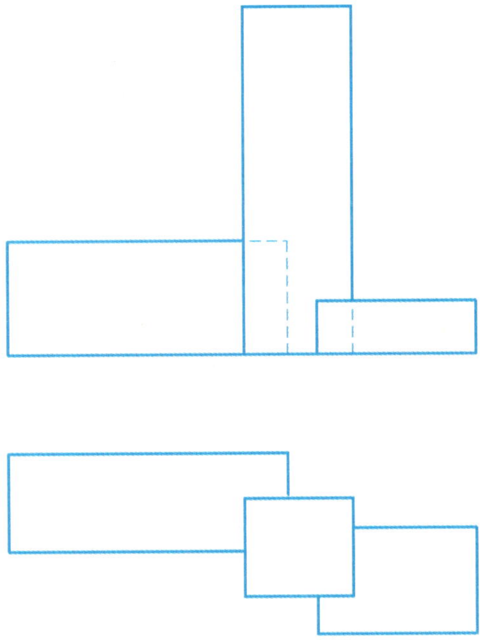

2. 补绘建筑形体的正立面图、右侧立面图和背立面图（这三个立面图中的虚线全部不画）。

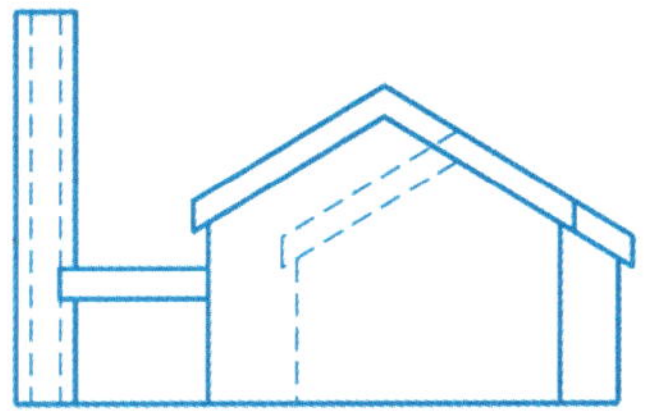

右侧立面图　　正立面图　　左侧立面图

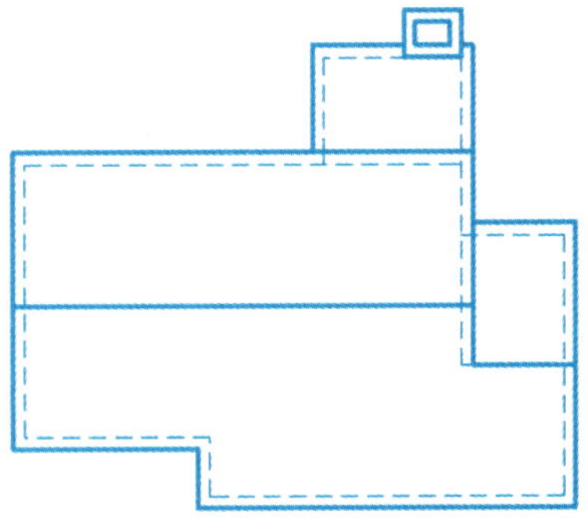

背立面图　　屋顶平面图

3. 在指定位置上作仰视图。

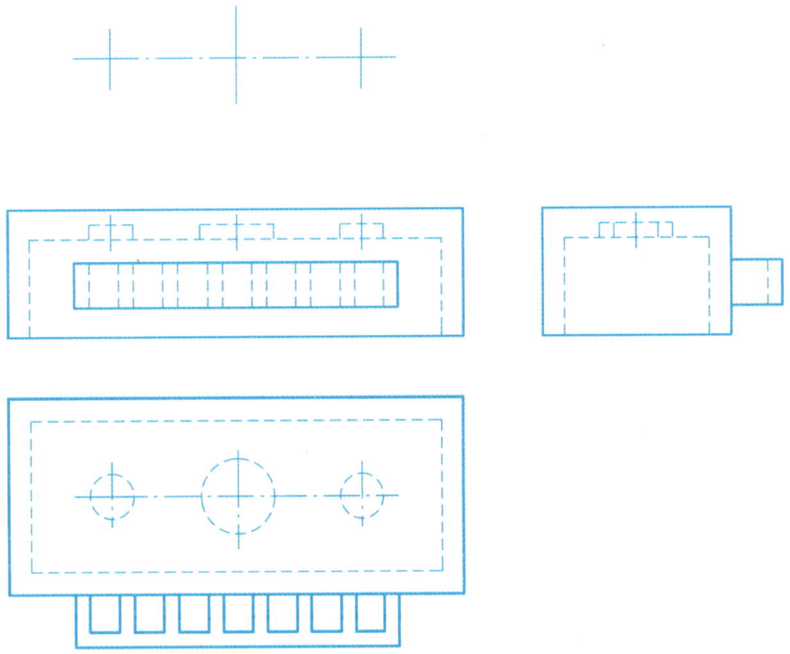

4. 作坡屋顶上天窗的A向斜视图。

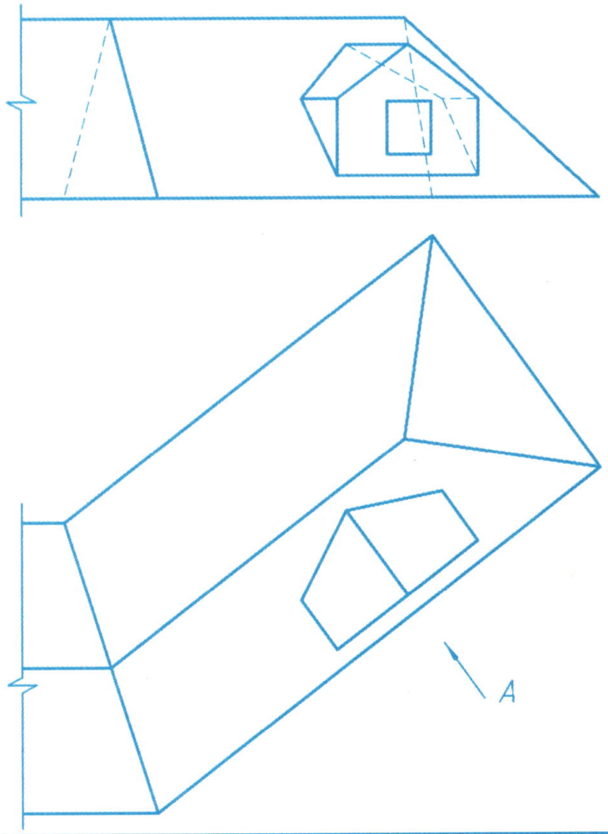

1. 画出1—1和2—2剖面图。

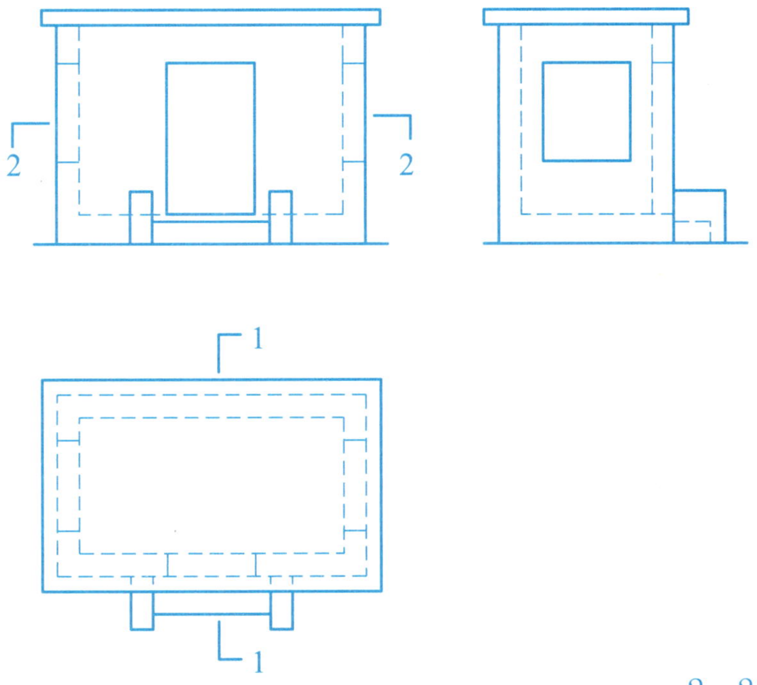

1—1剖面图

2—2剖面图

2. 在右侧的(a)、(b)、(c)、(d)图中，正确的A—A剖面图是（　）。

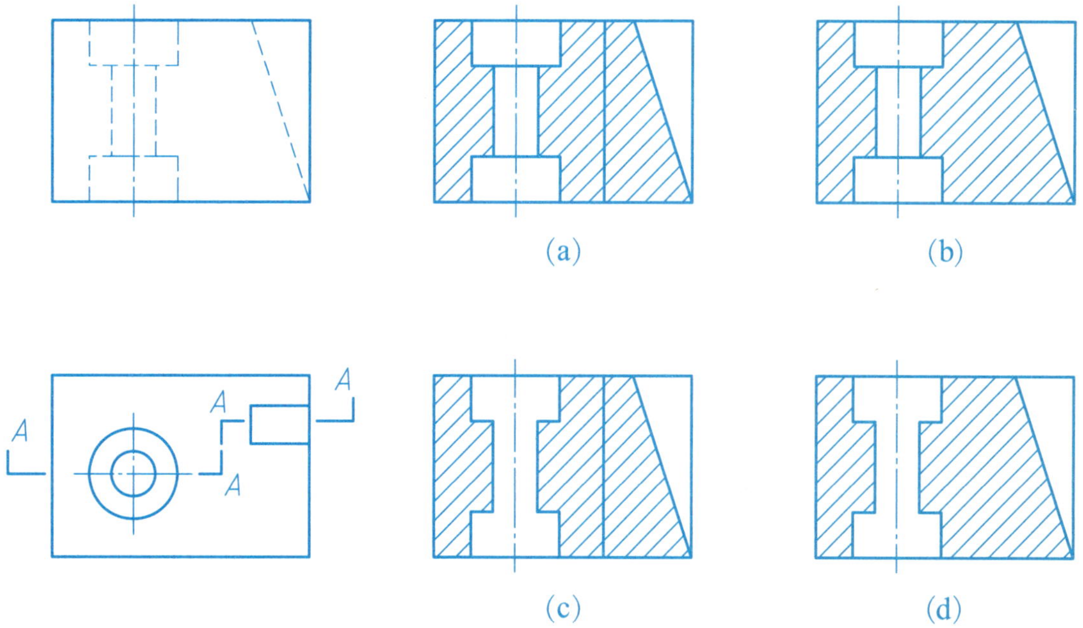

3. 画出1—1和2—2 剖面图。

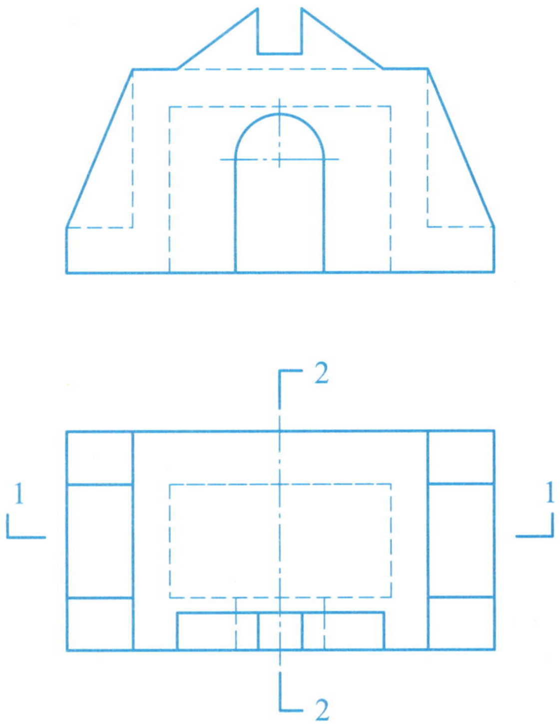

1—1剖面图

2—2剖面图

4. 画出旋转剖面图1—1，并在平面图中画出剖视剖切符号。

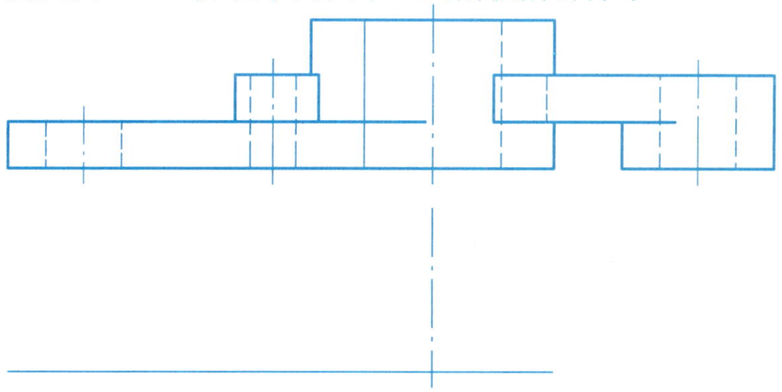

1—1剖面图（展开）

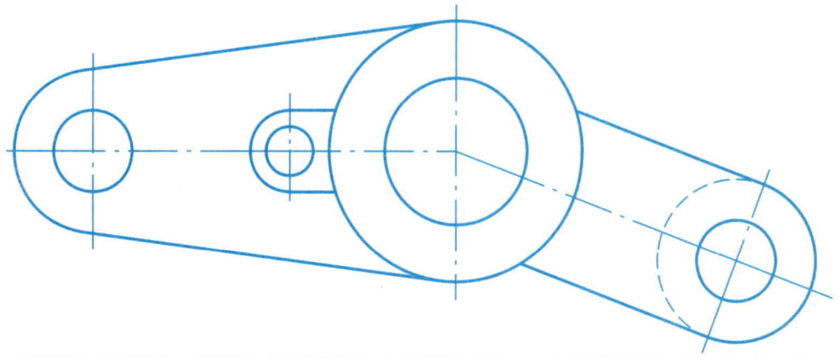

1. 画出1—1剖面图、2—2剖面图。

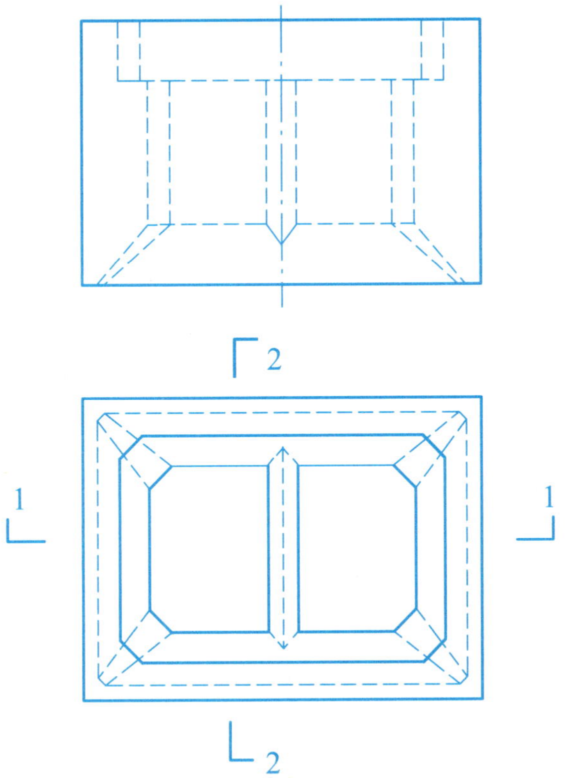

1—1剖面图

2—2剖面图

2. 按照图(a)、图(b)、图(c)三个平面图分别找出各自对应的局部剖面图，并将对应的局部剖面图下方的图号填入该平面图左上角的括号内。若一个平面图可对应几个局部剖面图，则填入几个图号。

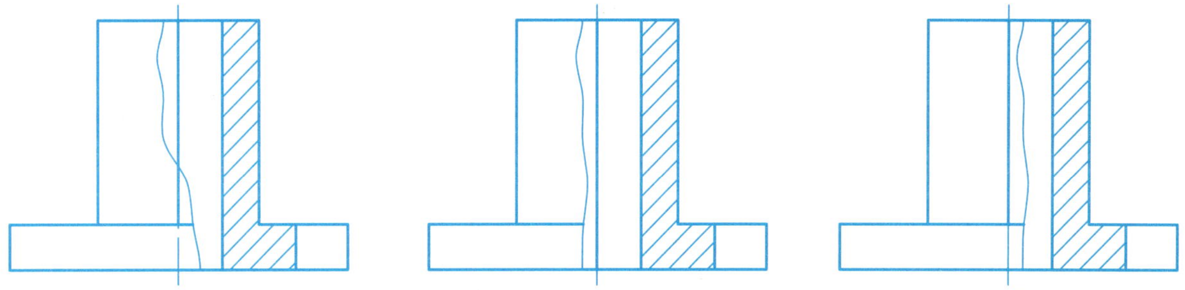

(1)　(2)　(3)

(　　)　(　　)　(　　)

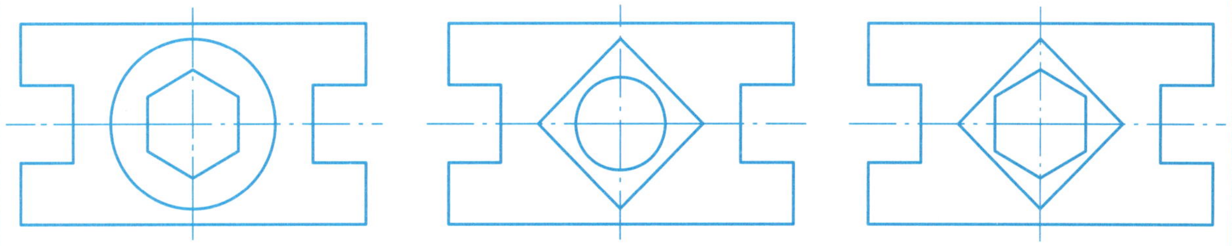

(a)　(b)　(c)

3. 画出1—1剖面图、2—2剖面图。

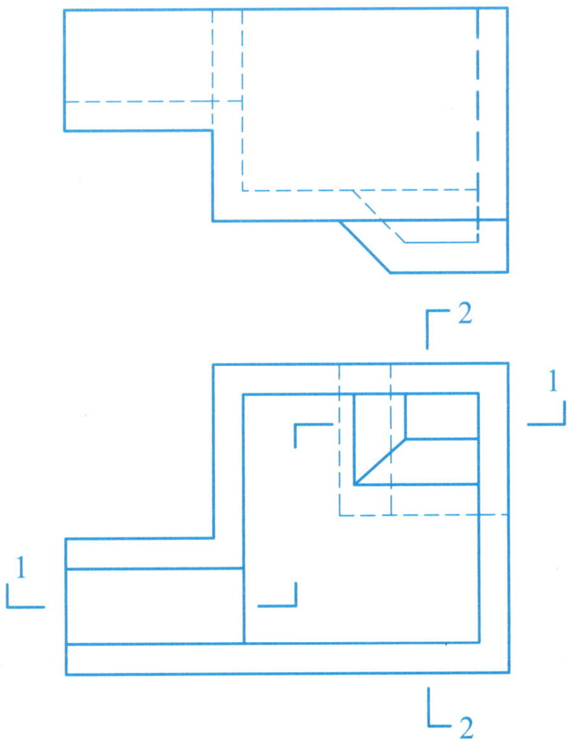

1—1剖面图

2—2剖面图

4. 看懂图（a）的平面图和剖面图，如剖面图变成图(b)、图(c)中的剖面图时，试想象改变后的物体的形状，并补全平面图。

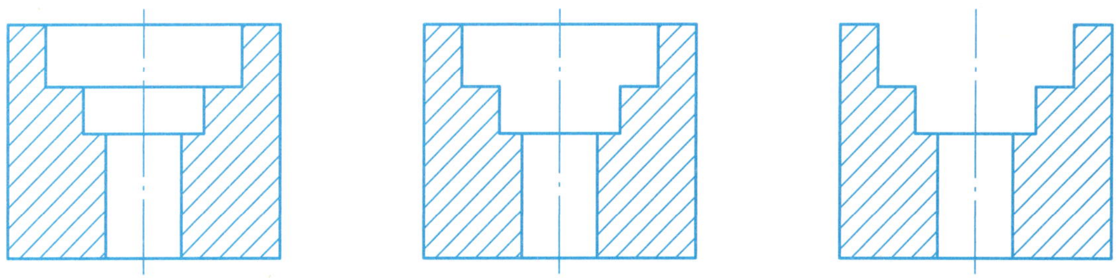

1—1剖面图　1—1剖面图　1—1剖面图

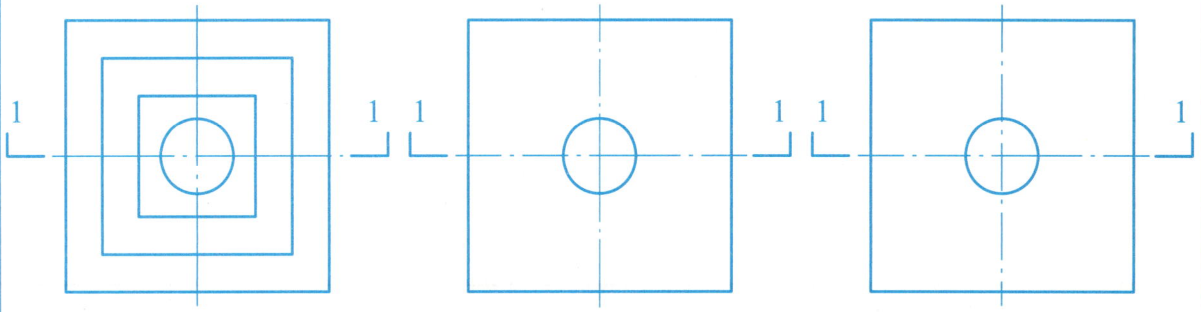

(a)　(b)　(c)

1. 画出1—1、2—2断面图。

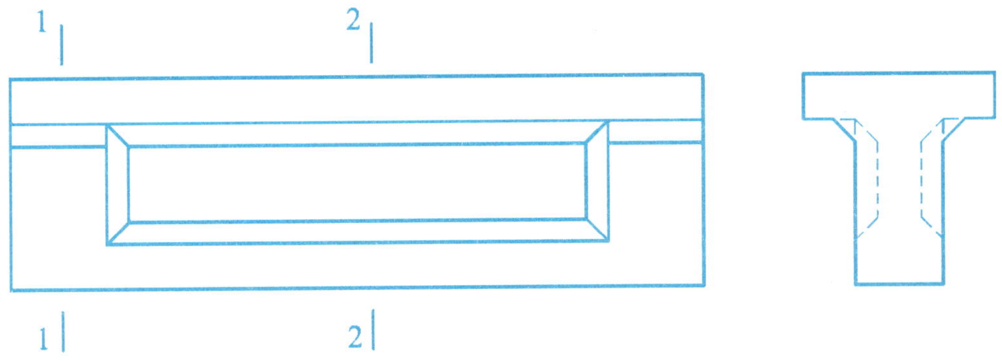

1—1　　2—2

2. 画出1—1、2—2、3—3、4—4断面图。

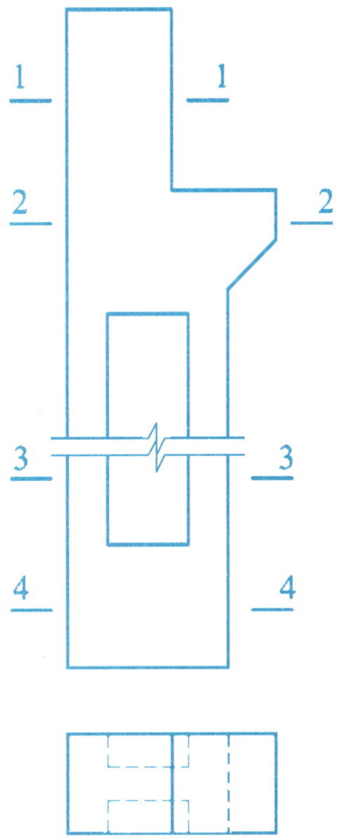

1—1　　2—2

3—3　　4—4

3. 在燕尾形屋顶的车站站台模型的平面图中，画出钢筋混凝土屋顶结构的梁板的重合断面图。

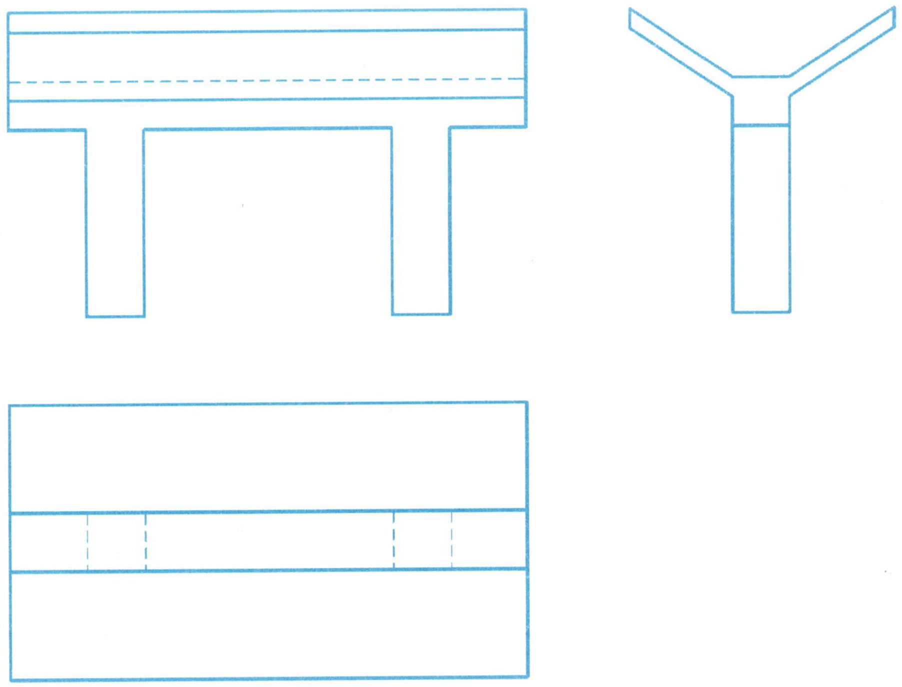

4. 画出1—1、2—2、3—3断面图。

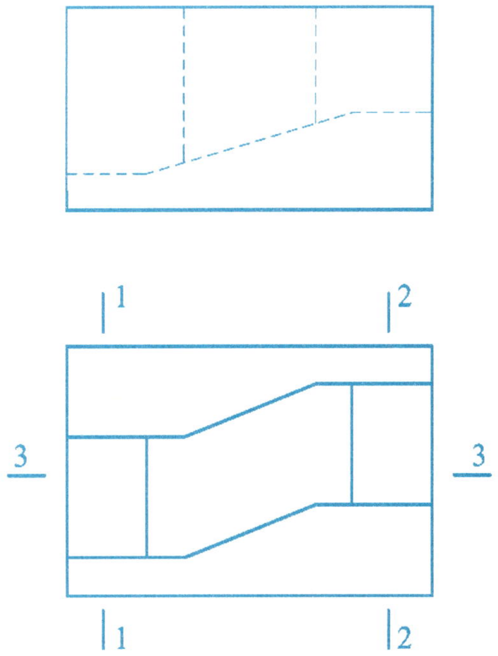

1—1　　2—2

3—3

作业　工程形体表示方法的综合练习

一、图名

工程形体的表示方法。

二、目的

1. 熟悉徒手画草图的方法。

2. 掌握工程形体的表示方法。

3. 掌握工程形体的尺寸标注。

三、图纸

A3图纸。

四、内容

用目估法徒手在下页的方格纸上画草图并标注尺寸（从图上按轴向1∶1量取尺寸）；再按量得的尺寸在A3图纸上绘制成1∶1的AutoCAD图，或用Revit创建构筑物的三视图。

五、要求

1. 如果用AutoCAD绘制本作业：（1）建筑节点模型除了三视图之外，还要再增加两个剖面图（一个是剖切在雨篷下方和踏步栏板上方的水平剖面图，另一个是在门洞处的侧平面剖开后，移去左侧的模型，向右投射所得的竖直剖面图）和一个断面图（剖切面平行于墙面，剖切在右侧栏板的两个孔洞之间的台阶和栏板的断面）；构筑物模型则在画出了三视图后，将正立面图和左侧立面图改画成适当的剖面图。（2）两个工程形体的剖面图和断面图的断面上都分别画出不需要表明是哪一种材料的材料图例，并都作为是同种材料构成的一个整体。在各个图样中，都不画从其他图样已能看出的不可见的虚线轮廓。

2.如果用Revit建模，只要创建构筑物的模型并生成三视图（暂不生成剖面图）。

3.建议图中粗实线的线宽为0.5mm，图中的两个图名（建筑节点模型和构筑物模型）用7号长仿宋字，比例1∶1用3.5号字，各个剖面图和断面图下的图名用5号字。如果本课程不含计算机绘图教学，则改为画尺规铅笔图，其要求类似画AutoCAD图。

图面布置参考方案

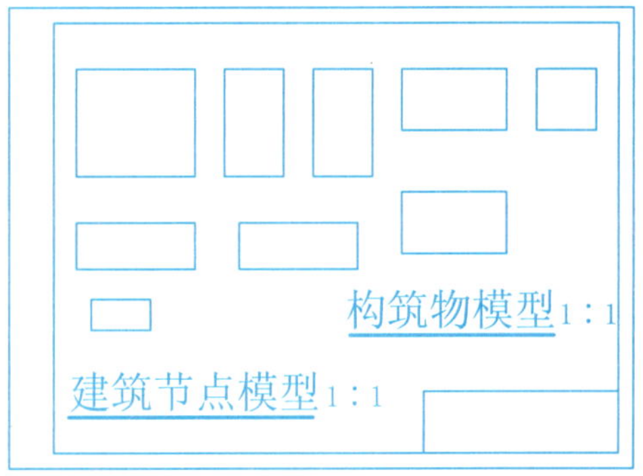

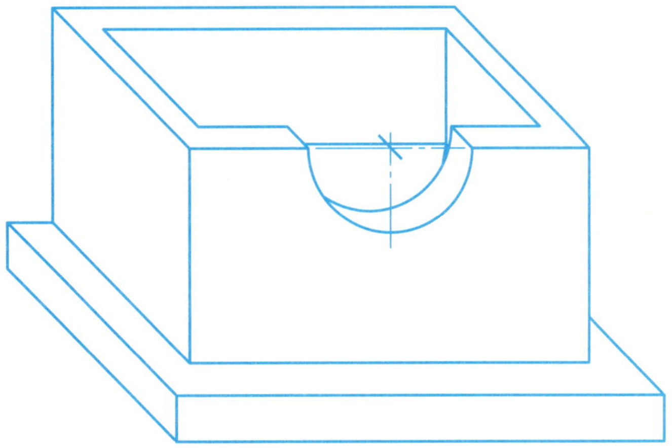

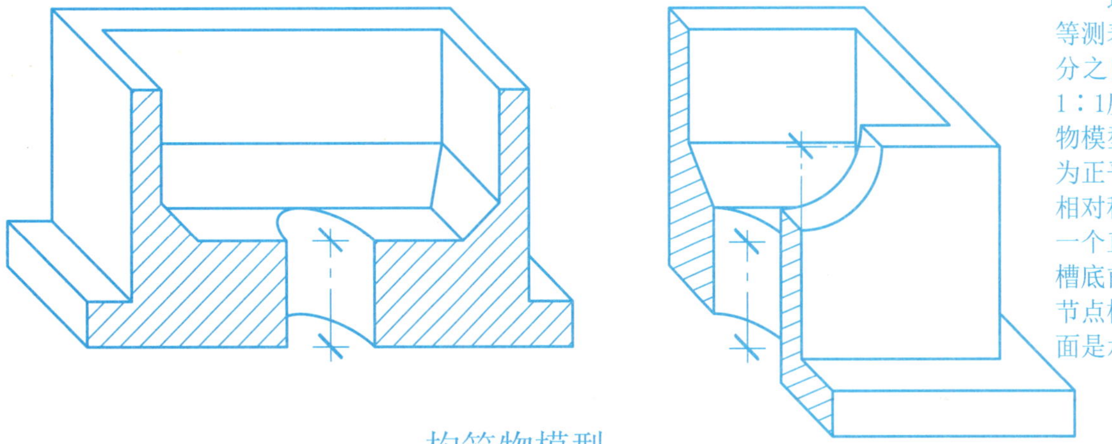

构筑物模型

阅读两个模型轴测图的提示

这两个模型分别用正面斜等测和正等测表示。为了读懂它们的形状和各部分之间的相对位置，可以配合沿轴向1∶1度量和添加辅助线。应能读懂构筑物模型槽的内壁：前壁为正平面，后壁为正平面和侧垂面；左、右壁是一对互相对称的侧平面和正垂面；槽底正中有一个直径为12mm的圆柱形通孔，孔口与槽底前后轮廓线相切。也应能读懂建筑节点模型进门口雨篷的顶面是斜面，底面是水平面。

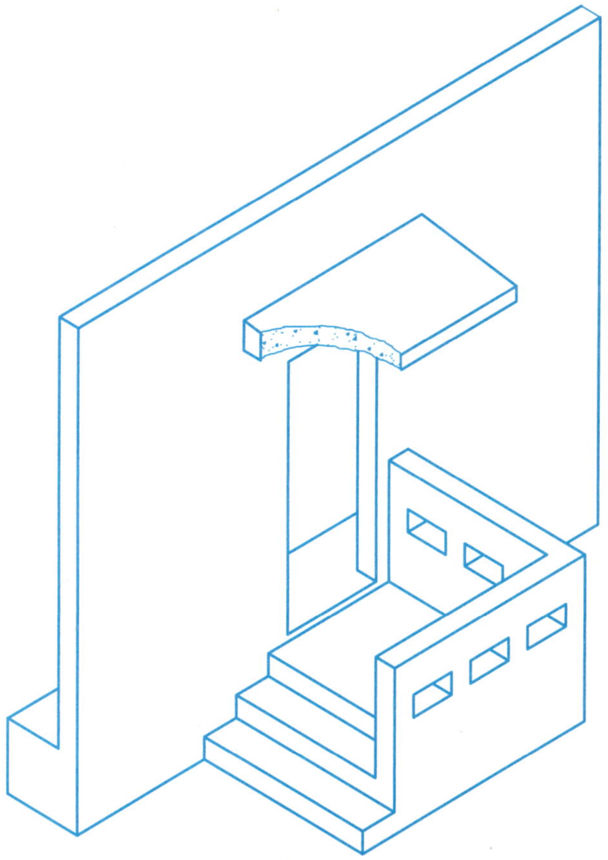

建筑节点模型

画上页所示的两个工程形体图样的草图，并标注尺寸（从轴测图上按轴向1：1的比例量取尺寸）

班级 姓名 审核

参考教材中图3.2(a)钢筋混凝土梁的示意图，对照教材中图3.6钢筋混凝土梁构件图及其有关说明，完成下图所示的钢筋混凝土梁L-3的构件图（立面图和断面图）。设梁的两端支承在墙上，墙厚为240mm，另一端砖墙的定位轴线编号为B，梁的全长为4440mm，梁的断面为250mm×400mm，梁内对称配筋：受力筋为3根直径为20mm的HRB400钢筋，其中一根为弯起钢筋；架立筋为2根直径为12mm的HRB400钢筋；箍筋采用HPB300，直径8mm，间距200mm。下图画出了梁的左端部分详图，并将梁中各个规格的钢筋分别画在梁的立面图下，请画全梁的立面图、立面图中的钢筋，标注出钢筋的编号、符号、直径等，再画出梁的断面图，用铅笔加深。参照教材图3.6中的表，编制L-3的钢筋表。

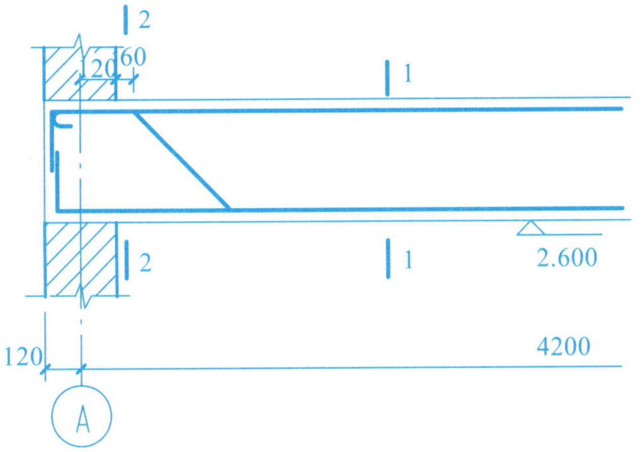

L-3 1:25

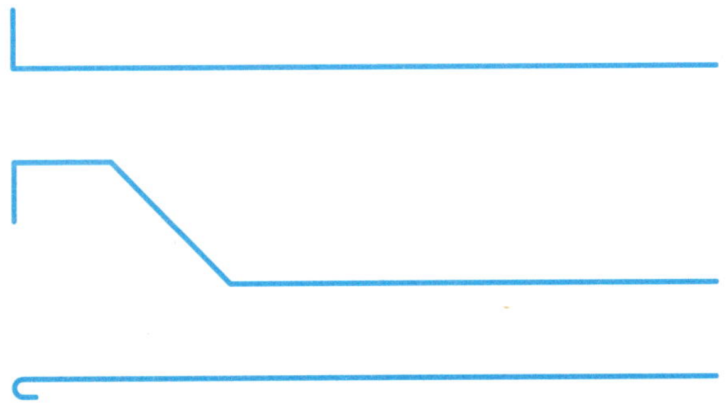

1—1 1:25

2—2 1:25

L-3 钢筋表

编号	简　　图	直径	长度(mm)	数量	备注
①					
②					
③					
④					

作业　钢筋混凝土构件图

一、图名

标题栏内写钢筋混凝土构件图，图形下面的图名抄左侧图样下的图名。

二、目的

1. 熟悉一般民用建筑的钢筋混凝土构件图的图示内容和图示特点。

2. 熟悉钢筋混凝土构件的代号和钢筋混凝土构件配筋的统计。

3. 掌握钢筋混凝土构件断面和配筋的画法。

4. 掌握绘制钢筋混凝土构件图的方法和步骤。

5. 初步掌握用AutoCAD、Revit软件绘制钢筋混凝土构件图的方法和步骤（教师不要求学生用计算机绘制时无此目的）。

三、图纸

A3图纸。

四、内容

根据左侧图样，用1∶20的比例，用AutoCAD、Revit或尺规绘制L-3的构件图（立面图和断面图）。

五、要求

1. 必须在完成钢筋混凝土梁构件图的习题后，才能开始绘图。

2. 在绘图前，应先匀称地布置图面，绘图时要严格遵守《房屋建筑制图统一标准》(GB/T 50001—2017)和《建筑结构制图标准》(GB/T 50105—2010)的各项规定，不熟悉之处，应查阅标准或教材。

3. 在用AutoCAD、Revit软件绘图前，必须理解和掌握教材中3.1.2.3节所述的内容。

六、说明

建议图线的基本线宽b为0.7mm，尺寸数字的字高为3.5mm，汉字的字高为5mm。

1. 各种房屋都有其自身的使用功能、空间组合、外形处理、结构形式、构造方式以及规模大小等特点，但是它们的基本构配件通常有 ________________ ________________________________ 等。

2. 房屋施工图是直接用来为________服务的图样，其内容按专业的分工不同，有________施工图、________施工图、________施工图，其中________施工图包括水施、暖施、电施等。

3. 建筑施工图包括 ________________________________ ________________________________ 等。

4. 建筑施工图主要表示________________________________ ________________________________。

5. 建筑施工图中的定位轴线是 ________________________________ ________________________________ 等施工定位的重要依据。

6. 画出下列材料图例：

自然土壤　夯实土壤　砂、灰土　多孔材料

碎砖三合土　钢筋混凝土　普通砖　金属

7. 说明下列符号名称和符号中数字的意义：

8. 标高是标注建筑物________的一种尺寸形式。标高除有________和________之分外，还有________和________标高之别。

9. 标高数字是以______为单位。________标高是以青岛附近黄海的平均海平面为零点；________标高是构件不包括粉刷层的毛面标高。

10. 在索引符号和详图符号中，索引符号的圆及水平直径应以________线绘制，直径为______ mm；详图符号的圆应以______线绘制，直径为______ mm。

11. 建筑总平面图是关于新建房屋在基地范围内的水平投影图，它表明了______ ________________________________ ________________________________。

12. 建筑总平面图宜用 ________________________ 的比例。教材图3.34中带指北方向的符号称为____________图，实线表示____________，虚线表示 ________________________

13. 教材图3.34中新建住宅的定位是以________________为依据，尺寸是以 ______ 为单位。图中所注的室内、外高差为__________ mm。

14. 教材图3.35所示的总平面图中的新建机修车间是以它的外墙定位轴的三个交点的 ____________来定位的。

15. 说明下列总平面图图例的名称：

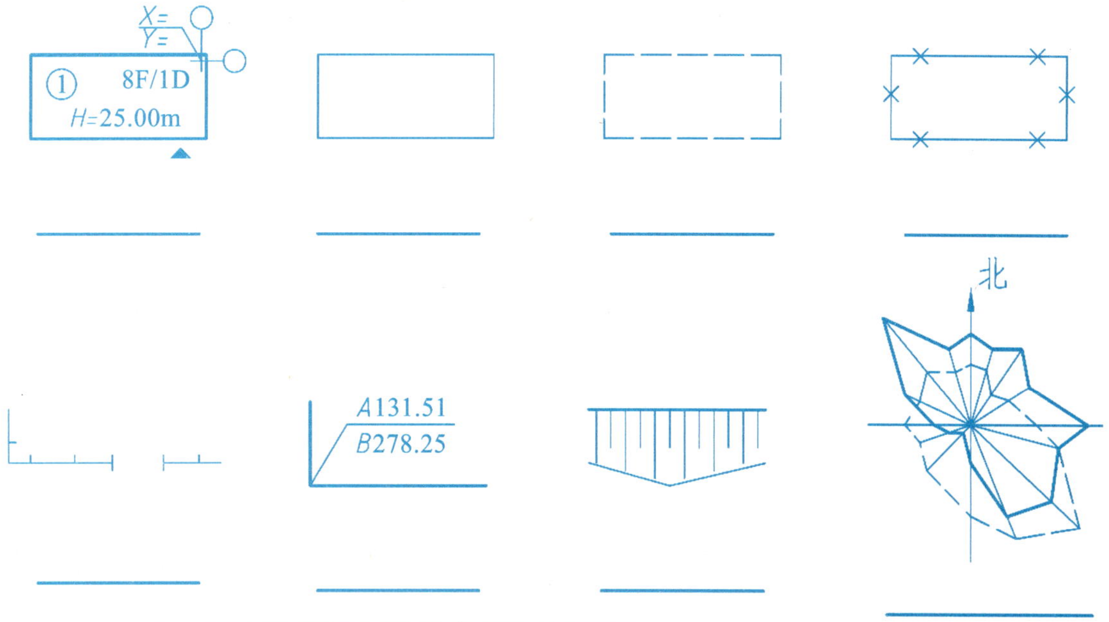

1. 建筑平面图（除了屋顶平面图之外）是用一个假想的______剖切平面，在房屋的_______上方剖开整幢房屋，移去剖切面上方部分后的________剖面图。它反映了建筑物的____等情况。

2. 五层楼的房屋一般应画出______张平面图。当其中二、三、四层平面布置相同，合用一张平面图的图名应该称为______________或_______________________。建筑平面图中的尺寸除标高外，都是以______为单位，标注的标高是相对于_______________________为正负零点标高。

3. 说明下列平面图中图例的名称：

____

____

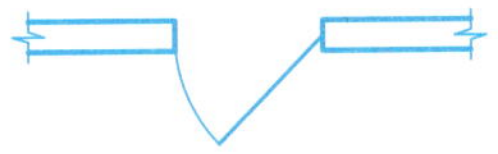
____

4. 分析下面局部平面图在制图中的一些常见错误，把正确的轴线编号圆、尺寸、标高、剖切符号等绘注在右侧的图上。

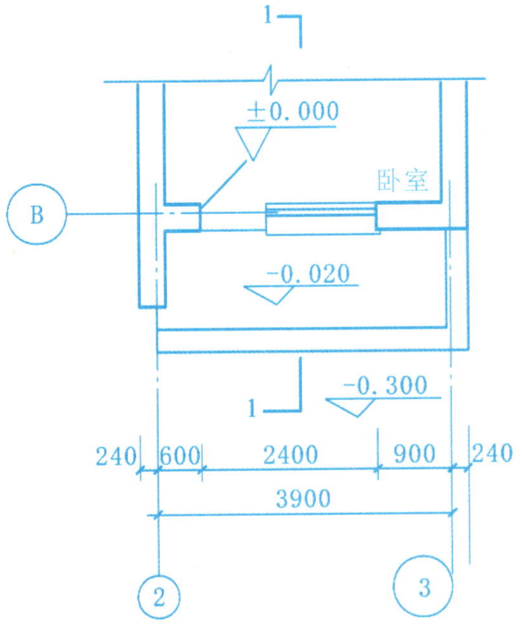

局部平面图

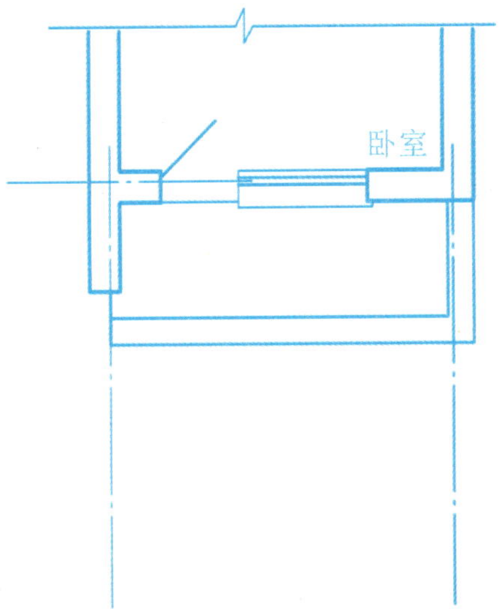

局部平面图

作业　建筑平面图

一、图名

三层平面图。

二、目的

1. 熟悉一般民用建筑的建筑平面图的表达内容和图示特点。

2. 掌握绘制建筑平面图的方法和步骤。

三、图纸

A3图纸。

四、内容

用1:100的比例，参考教材图3.37标准层平面图，绘制三层平面图。

五、要求

1. 要在读懂教材图3.37标准层平面图的全部内容之后绘制。

2. 本作业由教师指定是用绘图仪器绘制还是用计算机软件绘制。

3. 绘图步骤参见教材中图3.41，并要严格遵守《房屋建筑制图统一标准》(GB/T 50001—2017)和《建筑制图标准》(GB/T 50104—2010)的各项规定。如有不熟悉之处，必须查阅标准或教材。

六、说明

1. 建议图线的基本线宽（即粗实线的线宽）*b*用0.5mm，其余各类线型应符合线宽组规定，同类线宽同样粗细，不同线宽粗细分明。

2. 汉字应用长仿宋字体书写，字母、数字用标准字体书写。建议房间名称的字高为5mm，图名的字高为7mm，定位轴线编号的数字、字母的字高为5mm，尺寸数字和门窗型号的字高为3.5mm。

3. 厨房内的烟道用中粗线画500mm×300mm的矩形，然后按图例画出，厨房和卫生间内的设备都用细实线画出，坐式大便器示意地画成前面为长、短轴分别为500mm、400mm的椭圆和后面边长分别为500mm、200mm的矩形，浴缸的边长分别为1500mm、700mm的矩形和一端为半圆形的示意浴槽，其他的厨卫器具的形状与定位、细部尺寸请参考教材图3.37和图3.40，未明确显示处请自定。

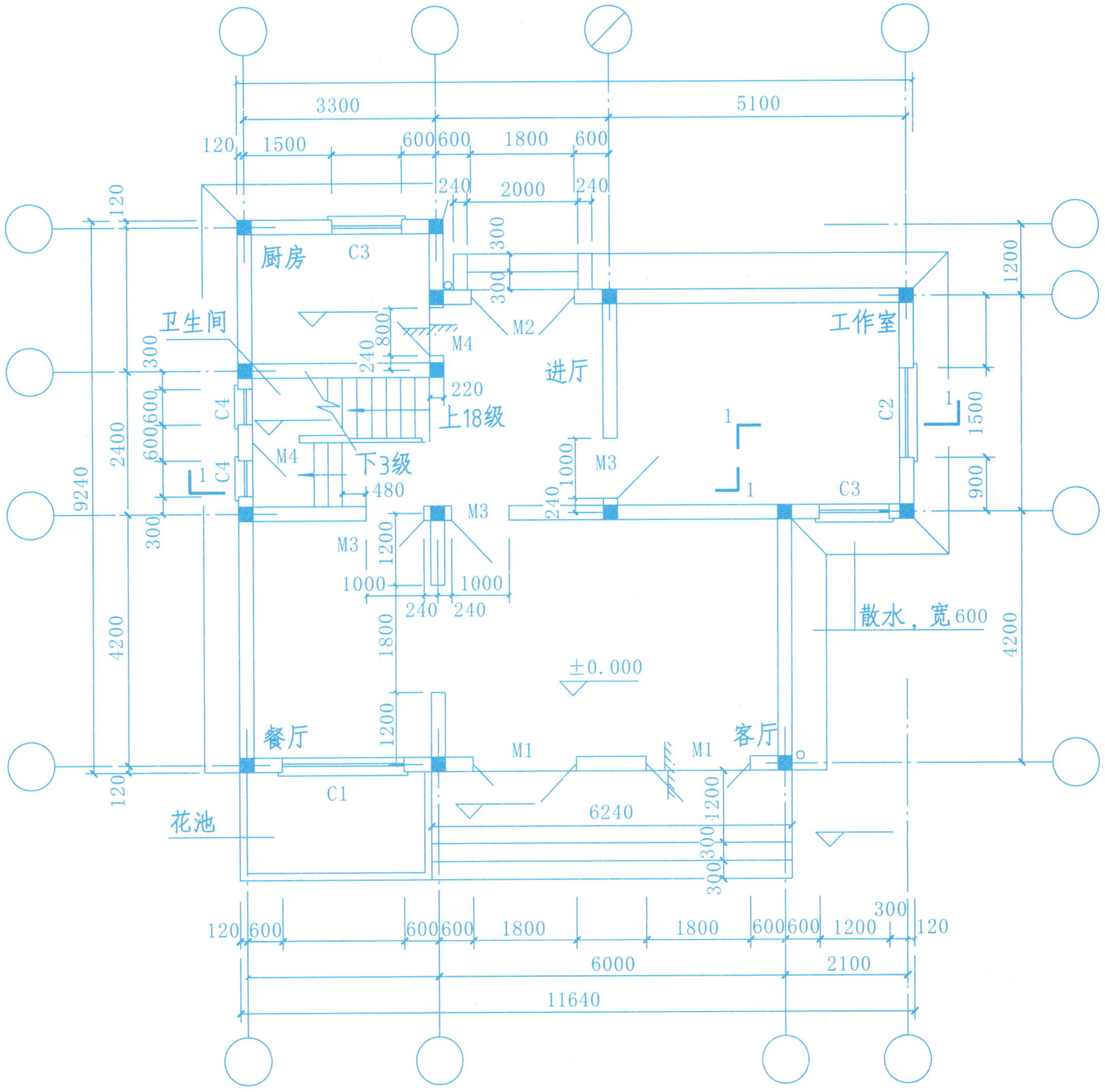

底层平面图 1:100

左图为某二层住宅的底层平面图的未完成图。已知客厅、餐厅、工作室和进厅的地面标高均为±0.000，厨房的地面比进厅地面低20mm，卫生间的地面比进厅地面低450mm，室外平台面比客厅地面低50mm，台阶的每一级踏步高为150mm。

要求：

1. 读懂这个底层平面图的全部内容，并按平面图的线型要求用铅笔加深，用细线加绘门的开启弧线。

2. 注写定位轴线的编号，注全所有的尺寸及标高。

3. 如果该住宅的客厅门窗朝向是南偏东30°，在平面图的右下角画出指北针。

4. 计算房间的开间、进深、净宽、净长和净面积，并填入下表。

名 称	客 厅	餐 厅	工作室	厨 房
开 间 (m)				
进 深 (m)				
净 宽 (m)				
净 长 (m)				
净面积 (m^2)				

1.建筑立面图是__________________________________图，它是用来反映____等的图样。

2.下图为某住宅的一个立面图（其底层平面图见本习题集第37页），要求：

（1）对照底层平面图，分析给出的立面图，在该立面图的两端轴线和图名上注出相应的轴线编号。

（2）在立面图上标注出它们的标高（室内地面标高为±0.000，室内外高差为500mm，平台比室外地面高450mm，住宅楼的层高为3m，房屋总高6.8m，窗台高于楼地面900mm，窗顶高于楼地面2.4m，阳台扶手比二层楼面高900mm，屋檐底面高于二层窗顶400mm）。

（3）在同类门、窗的一处，按实际可能画出开启方向符号（门、窗均为向外开）。

（4）按建筑立面图中各种图线的宽度要求，填写：立面图外轮廓线画__________，室外地平线画__________，凸出的墙面、屋檐、台阶、阳台、门窗洞等轮廓线画____________，其余如墙面引条线、阳台的栏杆、水斗及雨水管等画______________。

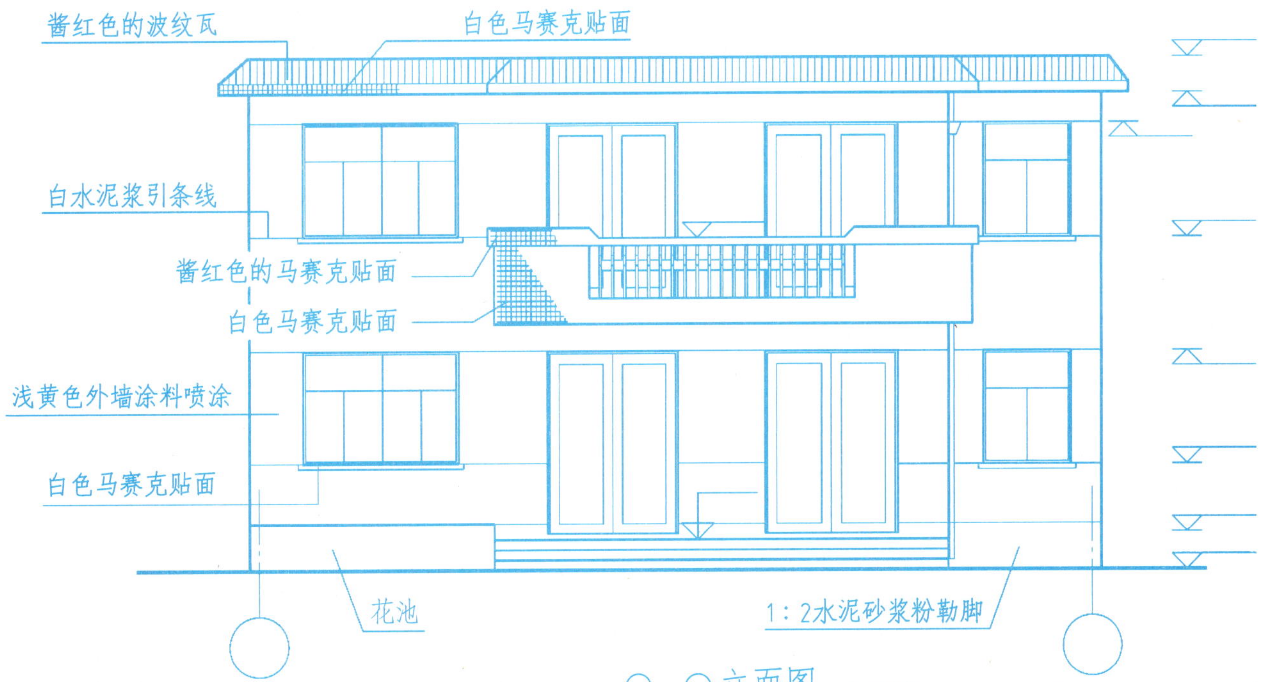

○～○立面图　1:100

作业　建筑立面图

一、图名

①～⑨立面图。

二、目的

1.熟悉一般民用建筑的建筑立面图的表达内容和图示特点。

2.掌握绘制建筑立面图的方法和步骤。

三、图纸

A3图纸。

四、内容

用1∶100比例抄绘教材图3.43所示的①～⑨立面图。

五、要求

1.要在读懂教材图3.43所示的①～⑨立面图的全部内容之后才开始绘制。

2.应按教材中图3.47所示的步骤绘制。

3.本作业由教师指定是用绘图仪器绘制还是用计算机软件绘制。

4.绘图时要严格遵守现行国家标准《房屋建筑制图统一标准》（GB/T 50001—2017）和《建筑制图标准》（GB/T 50104—2010）的各项规定。如有不熟悉之处，必须查阅标准或教材。

六、说明

1.建议图线的基本线宽b为0.5mm。

2.建议图中说明的汉字的字高为5mm，数字的字高为3.5mm，图名的字高为7mm。

3.立面图中的窗洞装饰线、水斗、雨水管和墙面装饰线见下图，阳台细部见教材图3.55。

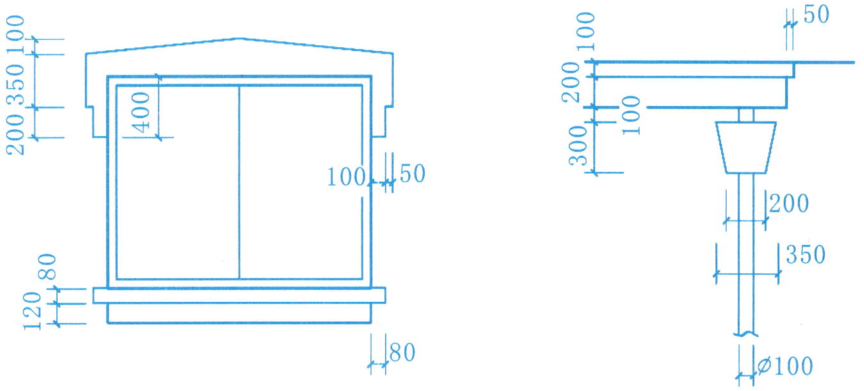

1. 建筑剖面图是房屋的______方向的剖面图。它主要用于反映____等情况。剖面图的剖切位置常常选择在____________________________部位，并在______层平面图中标绘有剖面图的剖切位置线、剖视方向线和剖面图编号的剖视剖切符号。

2. 建筑剖面图的比例宜采用____________，通常与建筑平面图相同或稍大些。当剖面图比较复杂时，可以采用比平面图稍______的比例来绘制。

3. 建筑剖面图通常应该标注出建筑物被剖切到外墙的三道尺寸：最外侧的一道是______地面以上的______尺寸；中间一道是______尺寸；最靠近外墙的尺寸是______细部的高度尺寸。标高宜标注____________________________________等处的完成面的标高。

4. 下图为某二层住宅的1—1剖面图，可以在本习题集第37页和第38页找到它的底层平面图和立面图。要求：对照阅读该住宅的底层平面图、立面图和剖面图，在剖面图上注写定位轴线的编号，注全所有的尺寸及标高。

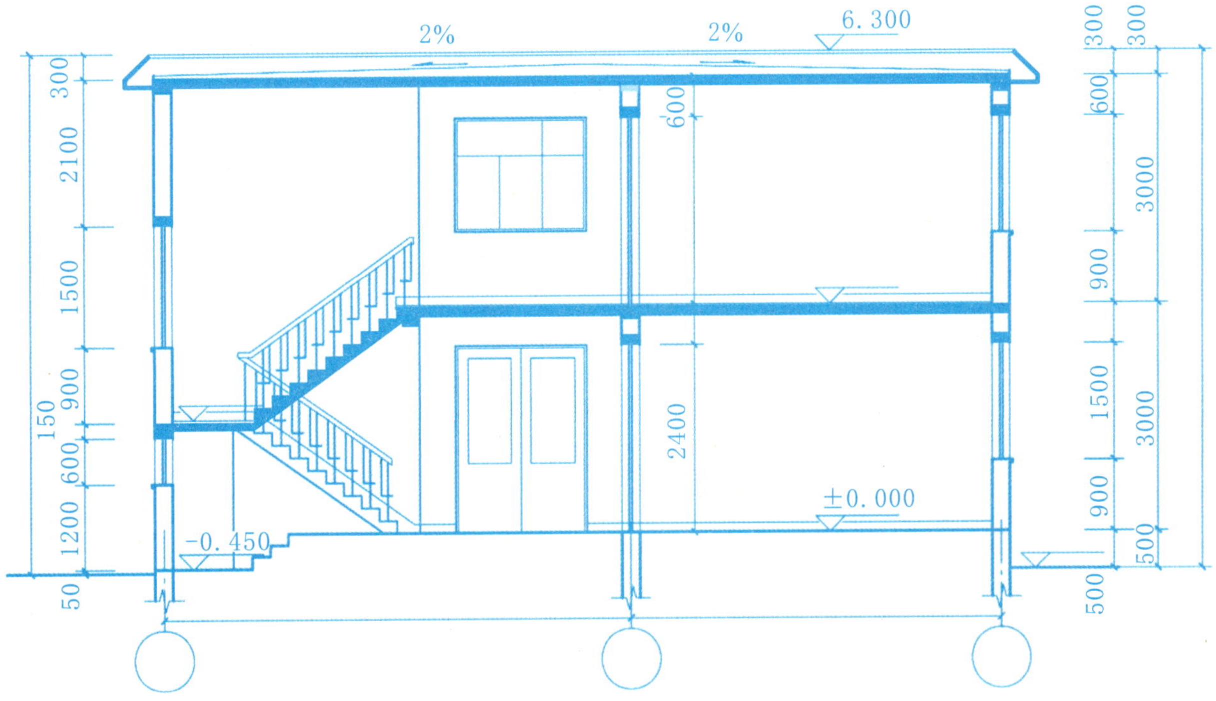

1—1剖面图　1:100

作业　建筑剖面图

一、图名

1—1剖面图。

二、目的

1. 熟悉一般民用建筑的建筑剖面图的表达内容和图示特点。

2. 掌握绘制建筑剖面图的方法和步骤。

三、图纸

A3图纸。

四、内容

用1∶100的比例抄绘教材中图3.48所示的1—1剖面图。

五、要求

1. 要在读懂教材图3.48中所示的1—1剖面图的全部内容之后才开始绘制。

2. 应按教材中图3.49所示的步骤绘制。

3. 用绘图仪器绘制或用计算机软件绘制，由教师指定。

4. 绘图时要严格遵守《房屋建筑制图统一标准》（GB/T 50001—2017）和《建筑制图标准》（GB/T 50104—2010）的各项规定。如有不熟悉之处，必须查阅标准或教材。

六、说明

1. 建议图线的基本线宽 *b* 用0.5mm。

2. 图名的字高为7mm，定位轴线编号的数字字母的字高为5mm，尺寸数字的字高为3.5mm，详图索引符号中的数字的字高为3.5mm。

作业 建筑详图

一、图名

外墙节点详图。

二、目的

掌握绘制建筑详图的方法。熟悉详图与建筑平、立、剖面图之间的相互依赖和对应关系，熟悉建筑平、立、剖面图之间的相互依赖和对应关系。

三、图纸

A3图纸。

四、内容

用1∶10的比例抄绘教材图3.54所示的外墙节点详图。

五、要求

1. 本作业由教师指定是用绘图仪器绘制还是用计算机软件绘制。

2. 图面布置应合理、匀称、美观。

六、说明

1. 建议图线的基本线宽b为0.5mm。

2. 文字说明中汉字的字高为5mm、数字的字高为3.5mm，图名的字高为7mm，尺寸数字的字高为3.5mm，详图符号中数字的字高为5mm。本作业中的文字较多，一定要认真书写。

3. 图中未注明尺寸处，可查看教材中有关该图的文字说明，有些尺寸可估计画出，如塑钢窗的示意轮廓等。

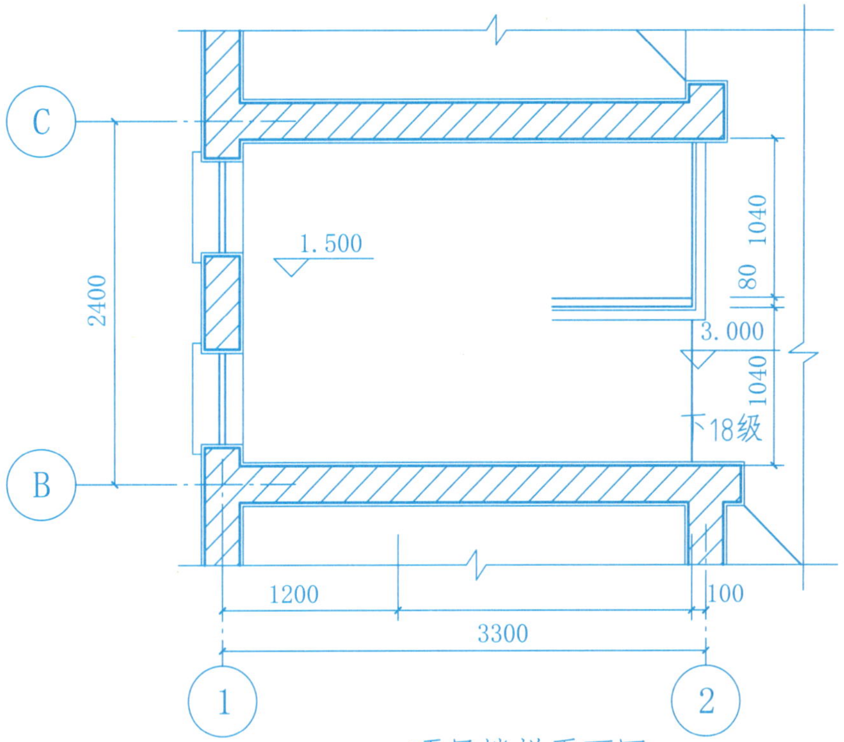

顶层楼梯平面图 1:50

右图是某住宅的楼梯平面图和楼梯剖面图，要求按照教材中楼梯的图示要求和楼梯踏步的分格方法补全该楼梯平面图、剖面图和图中尺寸。已知楼梯踏步板厚100mm，楼梯踏步面宽250mm，楼梯踏步高按3m层高有两等长的楼梯段共18级踏步进行等分，楼梯表面的粉饰厚度为30mm，板底粉饰厚度为20mm，楼梯扶手高度为900mm，楼梯梁的断面大小、栏杆的样式与已画出的相同。

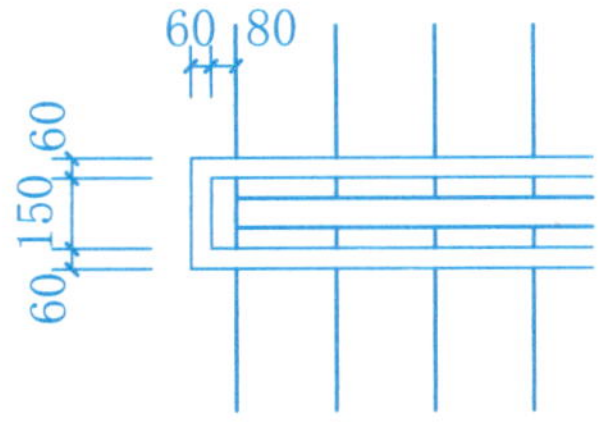

平面图中扶手位置

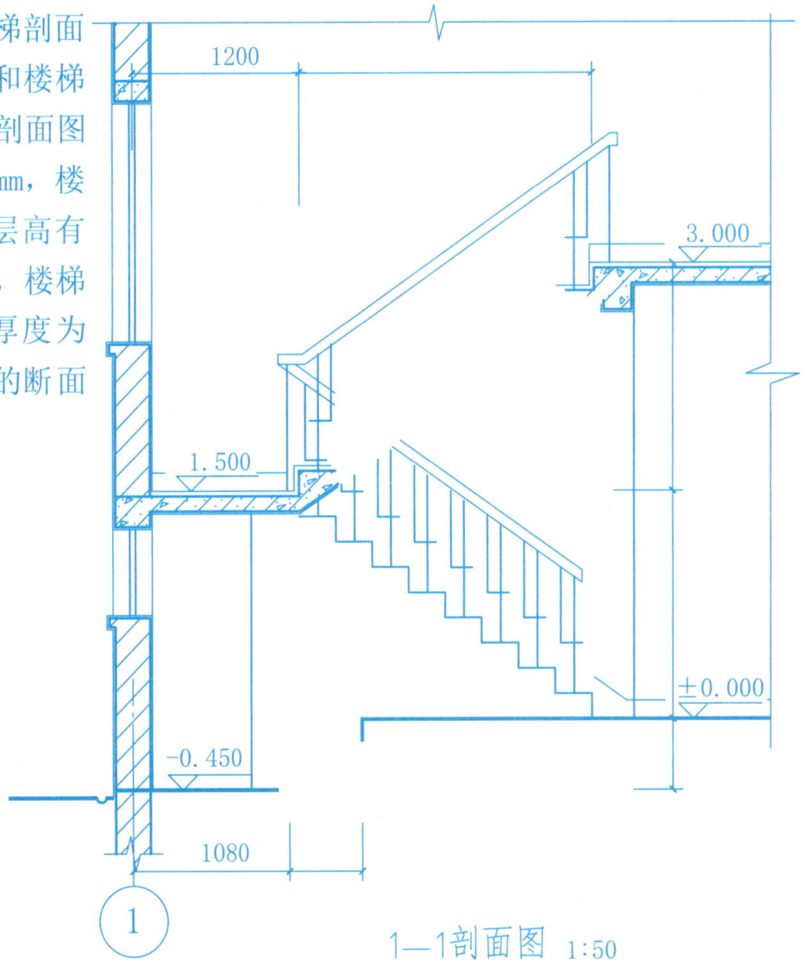

1—1剖面图 1:50

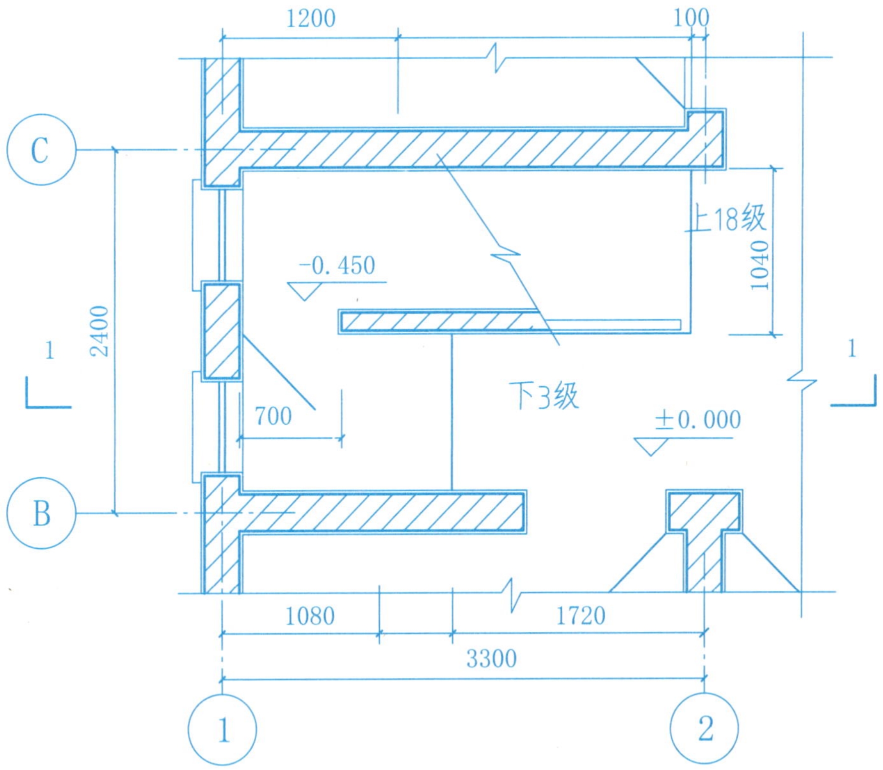

底层楼梯平面图 1:50

1. 基础平面图和________互相对照配合，清晰地表达________和基础内的梁、圈梁等的构造。

2. 在基础平面图中，用线宽0.7*b*的中粗实线或0.5*b*的中实线表示________轮廓线。可见的基础梁用________表示，不可见的基础梁用________表示。

3. 下图为某住宅未完成的基础平面图，要求根据已知的基础详图和基础表，完成该基础平面图中的基础底面轮廓线投影。

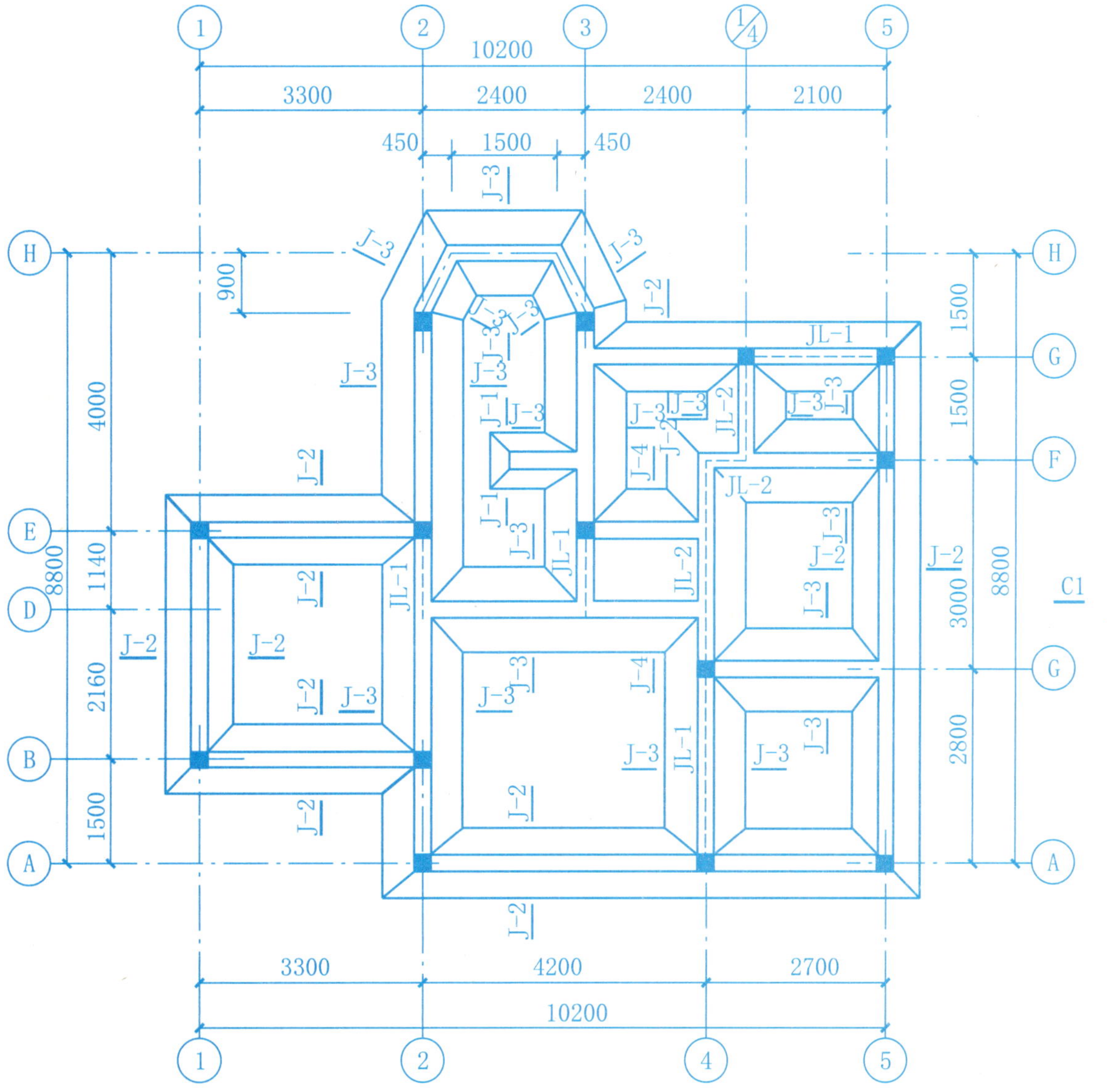

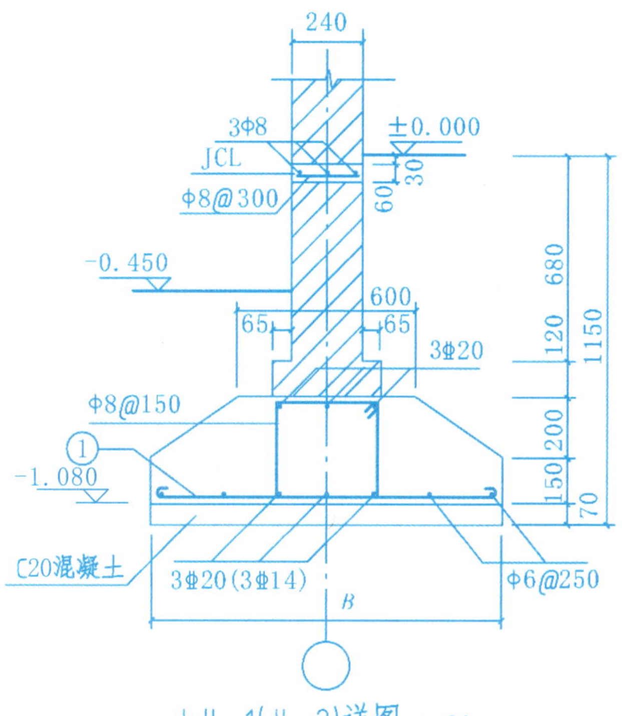

J.JL-1(JL-2)详图　1:20

基础表

基础	基础宽度 *B*(mm)	①
J-1	800	素混凝土
J-2	1000	Φ10@200
J-3	1200	Φ10@150
J-4	2340	Φ10@150

注：

（1）基础墙中均设JQL。

（2）若基础墙为内墙，则基础详图中基础墙两边都是室内地坪线±0.000。

（3）若基础墙为外墙，则基础详图中基础墙一边是室内地坪线±0.000，另一边是室外地坪线－0.450，左、右两侧中哪一侧为室外地坪可视实际情况确定。

（4）基础下部的分布筋都是Φ6@250。

作业　基础平面图和基础详图

一、图名

标题栏内写基础平面图和基础详图，图形下面的图名抄左侧图样下的图名。

二、目的

1. 熟悉一般民用建筑的基础平面图和基础详图的图示内容和图示特点。

2. 熟悉基础的代号。

3. 掌握绘制基础平面图和基础详图的方法和步骤。

三、图纸

A3图纸。

四、内容

1. 根据左侧题意完成基础平面图，并按图样比例抄绘基础平面图。

2. 识读基础通用详图，按基础通用详图的比例分别绘制J-2、J-4的基础详图。

五、要求

1. 必须读懂左侧基础平面图和基础详图后，才能开始绘图。

2. 在绘图前，应先匀称地布置图面，绘图时要严格遵守现行国家标准《房屋建筑制图统一标准》和《建筑结构制图标准》的各项规定，不熟悉之处，可查阅标准或教材。

六、说明

1. 建议图线的基本线宽*b*为0.5mm，尺寸数字的字高为3.5mm，汉字的字高为5mm。

2. 基础J-4两轴线之间的距离只有1140mm，因此合二为一，中间基础部分不放坡，两边以轴线为准，各放出600mm，基础宽为600+1140+600=2340mm，基础高、放坡及埋深均同基础通用详图。由于J-4同时承受两堵墙传来的荷载，在两轴线之间（1140）基础的上部放置受力筋Φ8@200，分布筋与基础下部的分布筋相同。

下图为某住宅未全部画出的二层结构平面图，图中已布置了部分房间的现浇钢筋混凝土板（B-1、YTB）和部分房间的预制多孔板，要求：(1)在图中的①~②、Ⓑ~Ⓔ轴线和④~⑤、Ⓐ~Ⓒ轴线所围的两个房间范围内，按照教材中图3.78所述的图线、表达形式和套用的图集《预应力多孔板》(120厚板)，在板宽代号为5、6、9、12的预应力多孔板中，选用适当数量的多孔板布置在该房间内（平均板缝不大于 20mm）；(2)看懂1—1、2—2断面图，在平面图的两个断面剖切位置线上注写断面编号。

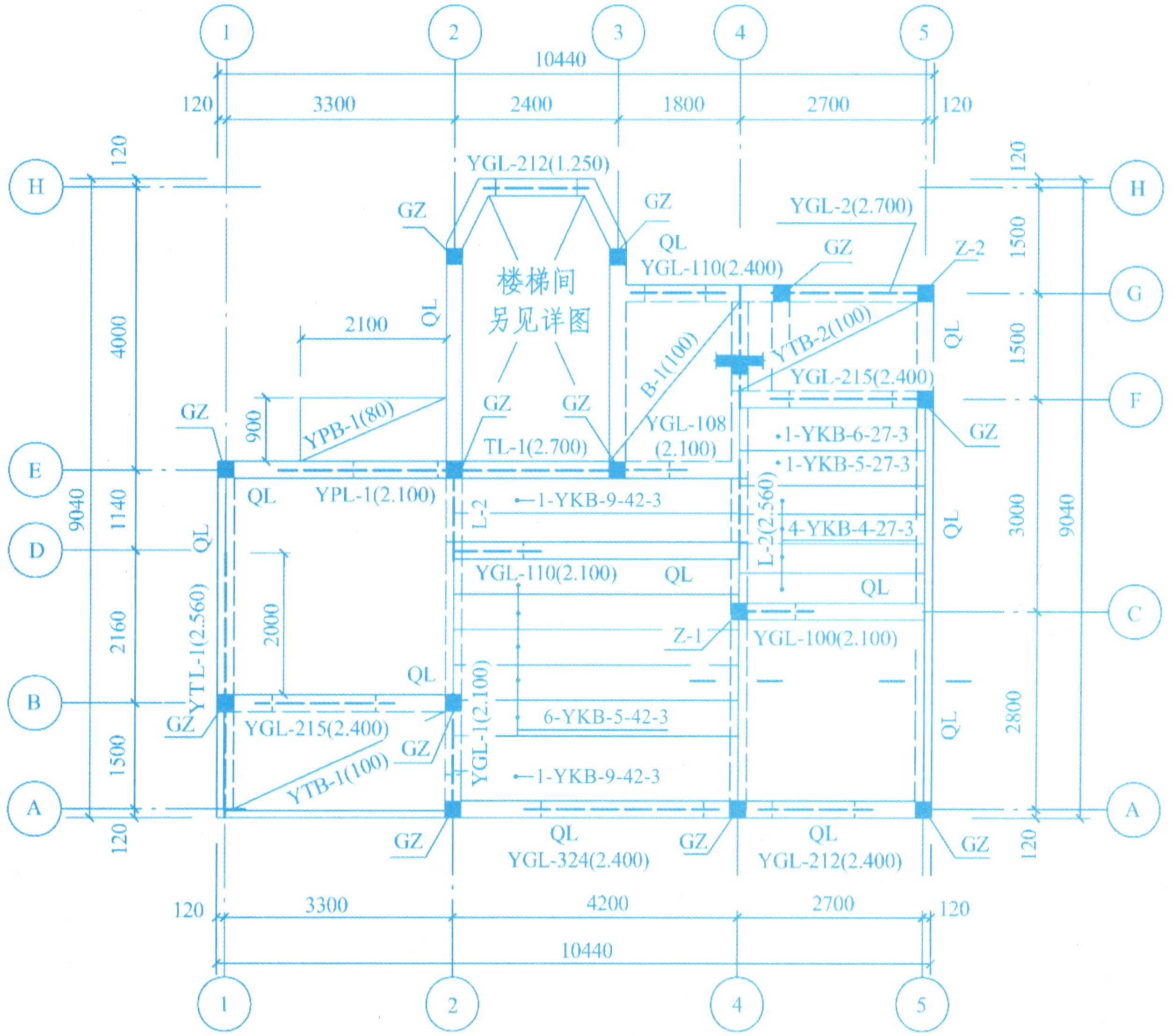

二层结构平面图 1:100

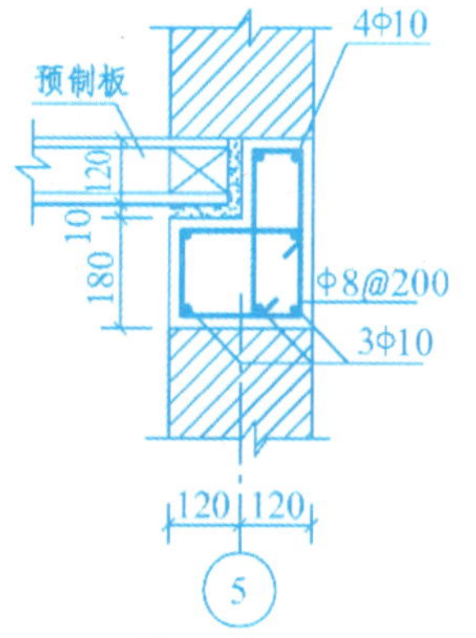

1—1 1:20

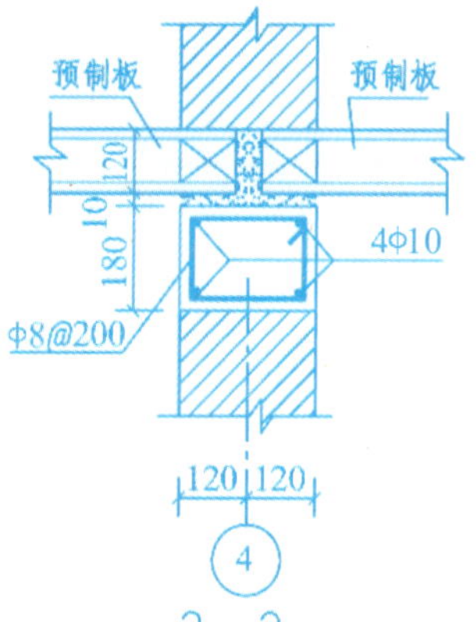

2—2 1:20

注：
(1)未注明的墙厚240mm。
(2)墙均设圈梁(QL)，梁底标高为2.560m。
(3)板底标高均为2.840m。
(4)YGL为门过梁时梁底标高2.100m，为窗过梁时梁底标高2.400m。

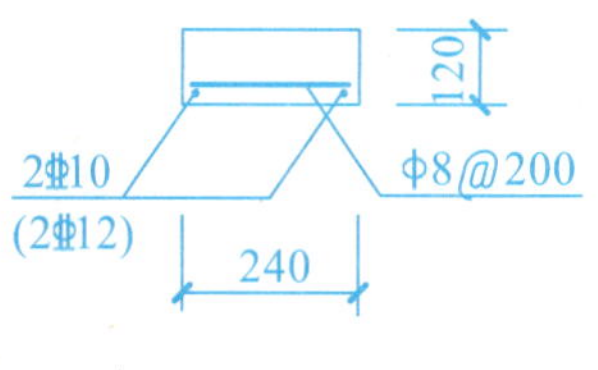

YGL-108 (YGL-110) 1:20

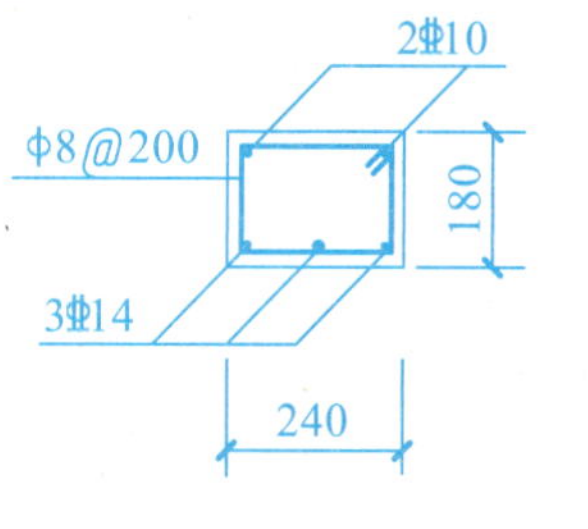

YGL-212 (YGL-215) 1:20

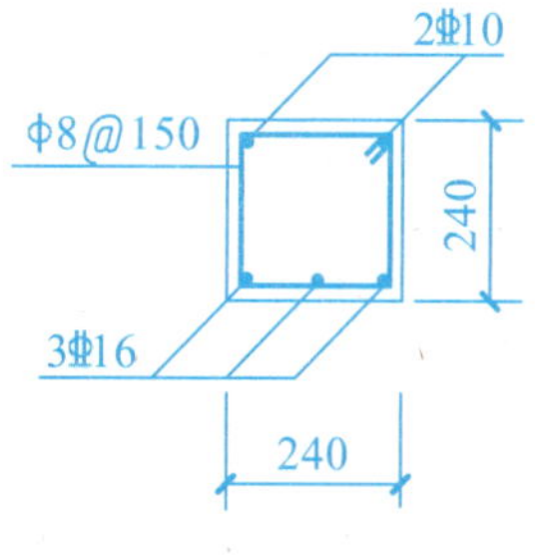

YGL-324 1:20

作业　楼层结构平面图

一、图名

标题栏内写楼层结构平面图，图形下面的图名抄左侧图样下的图名。

二、目的

1. 熟悉一般民用建筑楼层结构平面图的图示内容和图示特点。

2. 熟悉钢筋混凝土构件的代号；掌握预应力钢筋混凝土构件多孔板的型号标注、块数计算及布置。

3. 掌握钢筋混凝土构件断面和配筋的画法。

4. 掌握绘制楼层结构平面图的方法和步骤。

三、图纸

A3图纸。

四、内容

1.根据左侧题意完成楼层结构平面图。

2.根据左侧图样中的比例，按照教材图3.78中所述的结构平面图的画法，绘制二层结构平面图和1—1、2—2、YGL-108(YGL-110)、YGL-212(YGL-215)、YGL-324的断面图。

五、要求

1.必须在读懂左侧图样后，才能开始绘图。其他的梁、板另见结构构件图。

2.在绘图前，应先匀称地布置图面，绘图时要严格遵守现行国家标准《房屋建筑制图统一标准》和《建筑结构制图标准》的各项规定，不熟悉之处，可查阅标准或教材。

六、说明

1.建议图线的基本线宽b为0.5mm，尺寸数字的字高为3.5mm，汉字的字高为5mm。

2.多孔板的铺设方向都是搁置在两侧横墙上，板长根据开间选用。

1. 在本习题集第42页的二层结构平面图中，Ⓐ轴墙内的YGL-212 (2.400)的具体含义是什么？

2. 看懂教材图3.82，用1∶25的比例画出柱表中KZ-1的两个断面图，并标注尺寸和配筋值。

KZ-1 1:25
-0.030—3.470

KZ-1 1:25
3.470—6.770

4. 地下室的外墙DWQ用集中标注注明________________________________等；用原位标注________________________钢筋。

5. 在下面地下室外墙的集中标注引出线上注明该行文字的意义。

DWQ1(①~③), b_w=250 ____________________

OS:HΦ18@200 VΦ20@200 ____________________

IS:HΦ16@200 VΦ18@200 ____________________

tbΦ8@400@400，双向 ____________________

3. 下图为某高层的梁平面注写方式的结构平面图(局部)。图中的现浇钢筋混凝土板厚120mm，要求：读懂教材3.2.9.2节梁平法施工图制图规则的平面注写方式示例，按1∶25的比例画出图中所示位置的4个断面图，并标注断面尺寸、梁顶标高和梁内配置的钢筋。

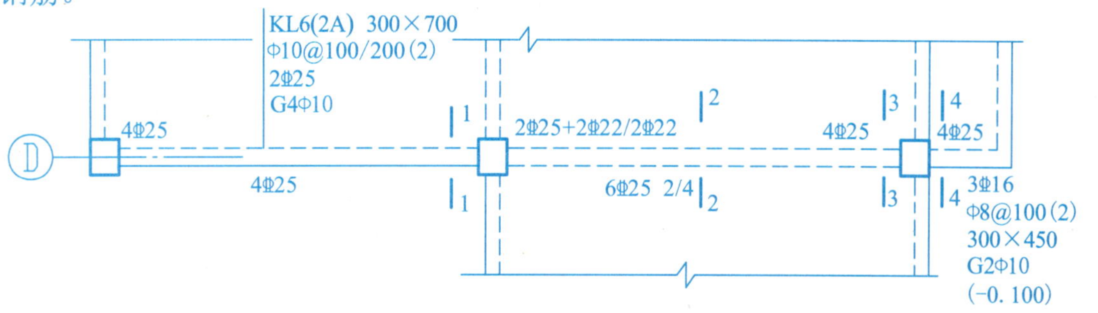

3.470梁平法施工图(局部) 1:100

1—1 1:25

2—2 1:25

3—3 1:25

4—4 1:25

下图是一幢待补全的住宅给水排水平面图和管道轴测图，屋顶不设水箱，对照下列给水排水平面图和管道轴测图，并参照教材3.3.2节的有关内容，要求：(1)在给水排水平面图中，对二层平面图立管进行标注，并标注出底层和二层卫生间楼地面的标高；(2)在管道轴测图中，填写管道所穿建筑外墙的轴线号、引入管和排出管的系统编号；(3)在图例列表的缺失名称的下画线上填写图例名称。

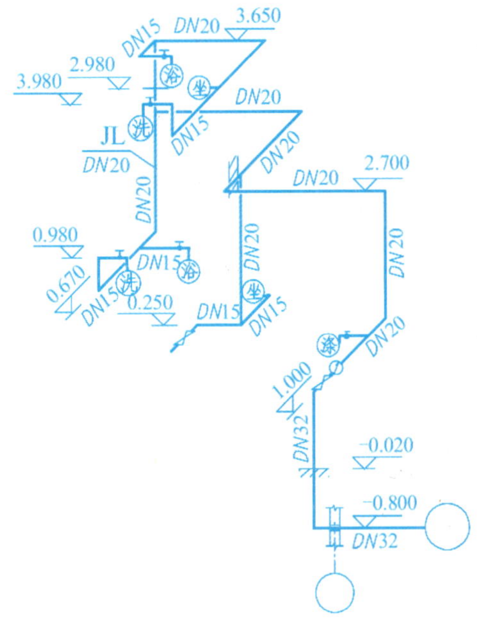

给水管道轴测图 1:100

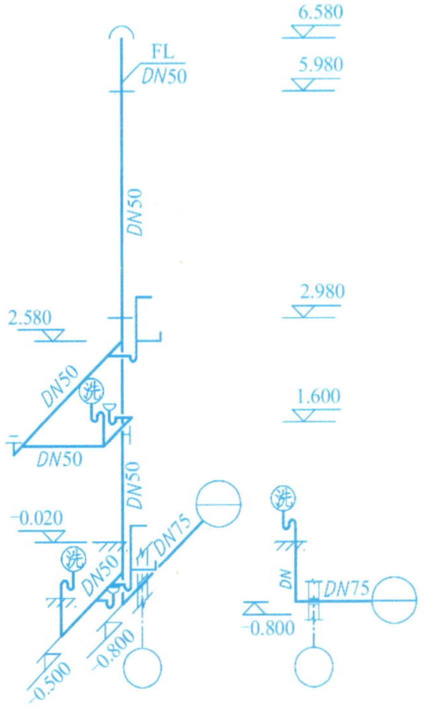

废水管道轴测图 1:100

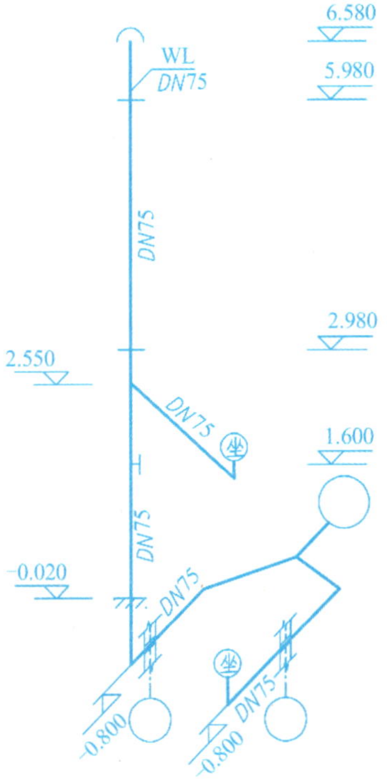

污水管道轴测图 1:100

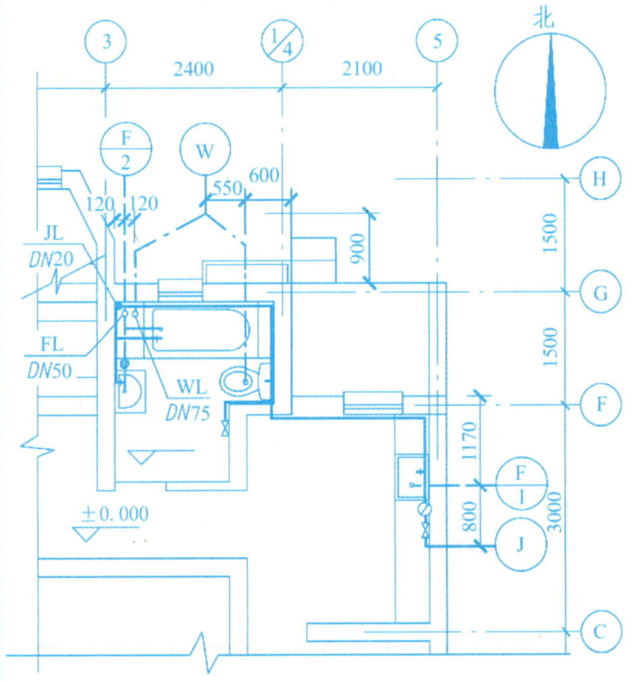

底层给水排水平面图 1:100

图例

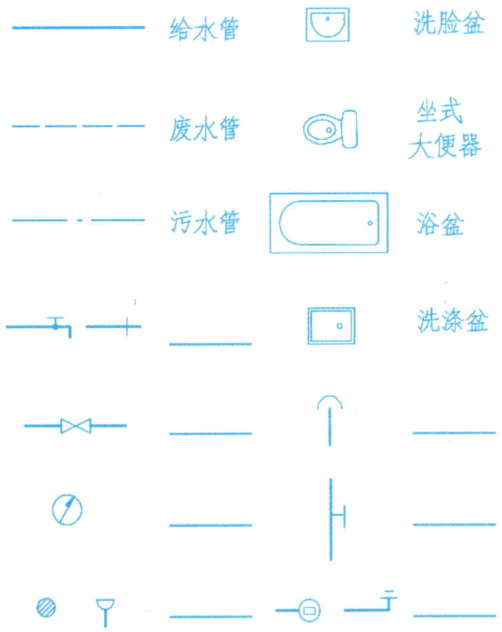

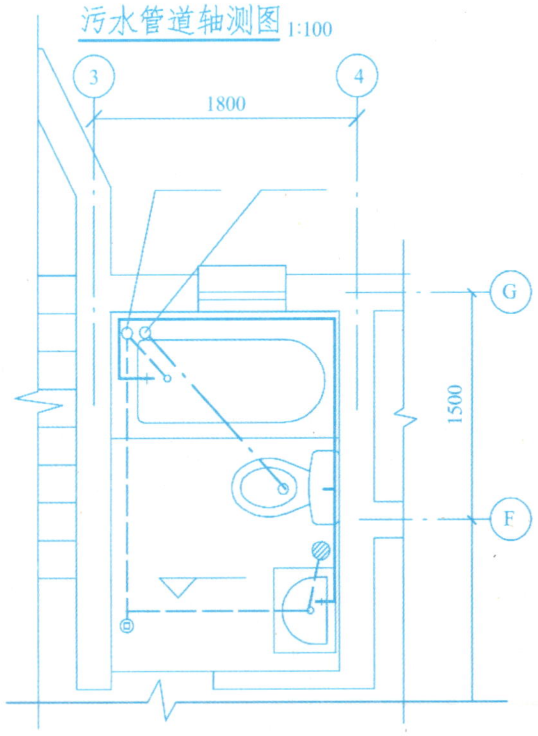

二层给水排水平面图 1:50

作业 绘制给水排水平面图及管道轴测图

一、目的

1. 熟悉一般民用建筑的给水排水平面图及管道轴测图的图示内容和图示特点。

2. 熟悉给水排水平面图及管道轴测图中管道的代号；熟悉给水排水平面图及管道轴测图之间的联系。

3.掌握绘制给水排水平面图及管道轴测图的方法和步骤。

二、内容

在完成左侧填充习题的基础上，如果用尺规或AutoCAD绘图：在A2图纸上，用1∶50的比例绘制左侧住宅的给水排水平面图及管道轴测图，图名为给水排水平面图及管道轴测图。如果用Revit软件建模：由教师指定创建一个给水管道系统，或废水管道系统或污水管道系统。

三、要求

1. 完成左侧的习题并读懂给水排水平面图及管道轴测图。

2. 在绘图前，应先匀称地布置图面，绘图时要严格遵守现行国家标准《房屋建筑制图统一标准》和《建筑给水排水制图标准》的各项规定，不熟悉之处，应查阅标准或教材。

3. 用计算机软件绘图或建模前，必须理解和掌握教材中3.3.2.5节所述的内容。

四、说明

1. 为了绘图方便，规定一部分尺寸如下：有些废水支管与立管的接口，在楼地面之上0.400m处；污水支管及有些废水支管与立管的接口，在楼地面之下0.400m处。

2. 建议图线的基本线宽b为0.5mm，系统分类和编号的字母、数字的字高为3.5mm，无编号的类别字母的字高为5mm，尺寸数字、立管类别和公称直径代号的字母的字高为2.5mm，汉字的字高为5mm和7mm。

3. 图中未注尺寸处可按所注比例量度。

下图为一幢新建住宅附近的给水排水总平面图（局部），它主要反映______________________，所以在平面图中原有的房屋、道路、围墙等附属设施，应与________________一致，用_______线绘制其轮廓线，新建建筑物则用________线画出它的轮廓线。图中采用的给水总管的管径为_______ 、排水总管的管径为________ 。按水流方向，该宿舍室外所设的七个雨水检查井的井底标高分别为 3.35m、3.30m、3.24m、3.16m以及3.35m、3.27m、 3.16m，最后排入标高为3.12m的雨水检查井，请分别将这些标高按排水方向填入下图中各雨水检查井指引线的上方。

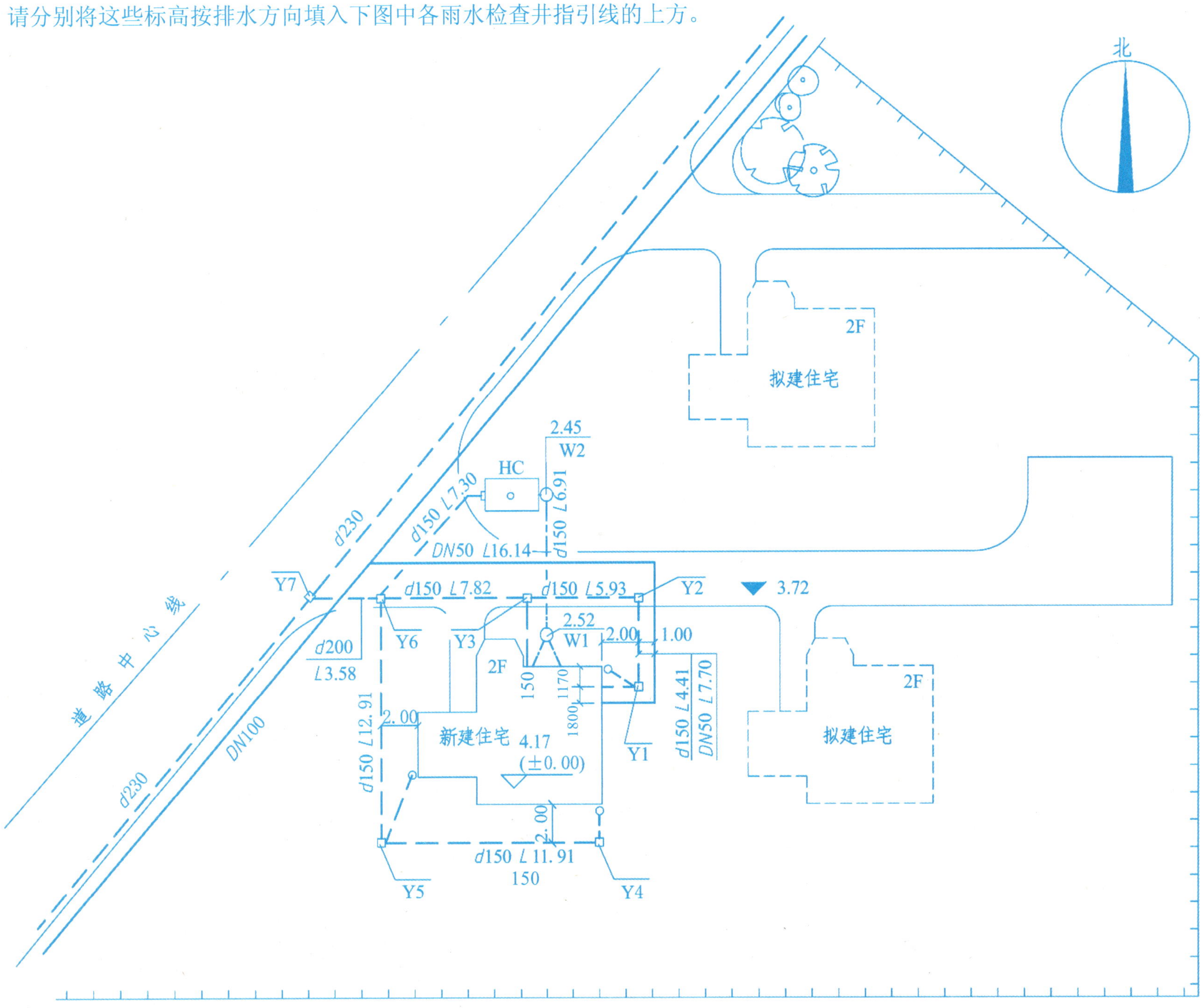

给水排水总平面图(局部) 1:300

作业 给水排水总平面图

一、图名

标题栏内写给水排水总平面图，图形下面的图名抄左侧图样下的图名。

二、目的

1. 熟悉一般民用建筑的给水排水总平面图的图示内容和图示特点。

2. 熟悉给水排水总平面图中管道和附属设备的代号及表示方法。

3. 掌握绘制室外给水排水总平面图的方法和步骤。

三、图纸

A3图纸。

四、内容

根据左侧图样及比例，抄绘给水排水总平面图。

五、要求

1. 必须读懂左侧给水排水总平面图后才能开始绘图。

2. 在绘图前，应先匀称地布置图面，绘图时要严格遵守现行国家标准《房屋建筑制图统一标准》和《建筑给水排水制图标准》的各项规定，不熟悉之处，应查阅标准或教材。

六、说明

1. 建议图线的基本线宽b为0.5mm，尺寸数字的字高为3.5mm，汉字的字高为5mm。

2. 图中未注尺寸处可按所注比例量度。

曲线要素表

JD		α		R	L_s	T	L
		Z	Y				
16	K 49+832.934		22°14′52″	2500	0	491.56	970.74

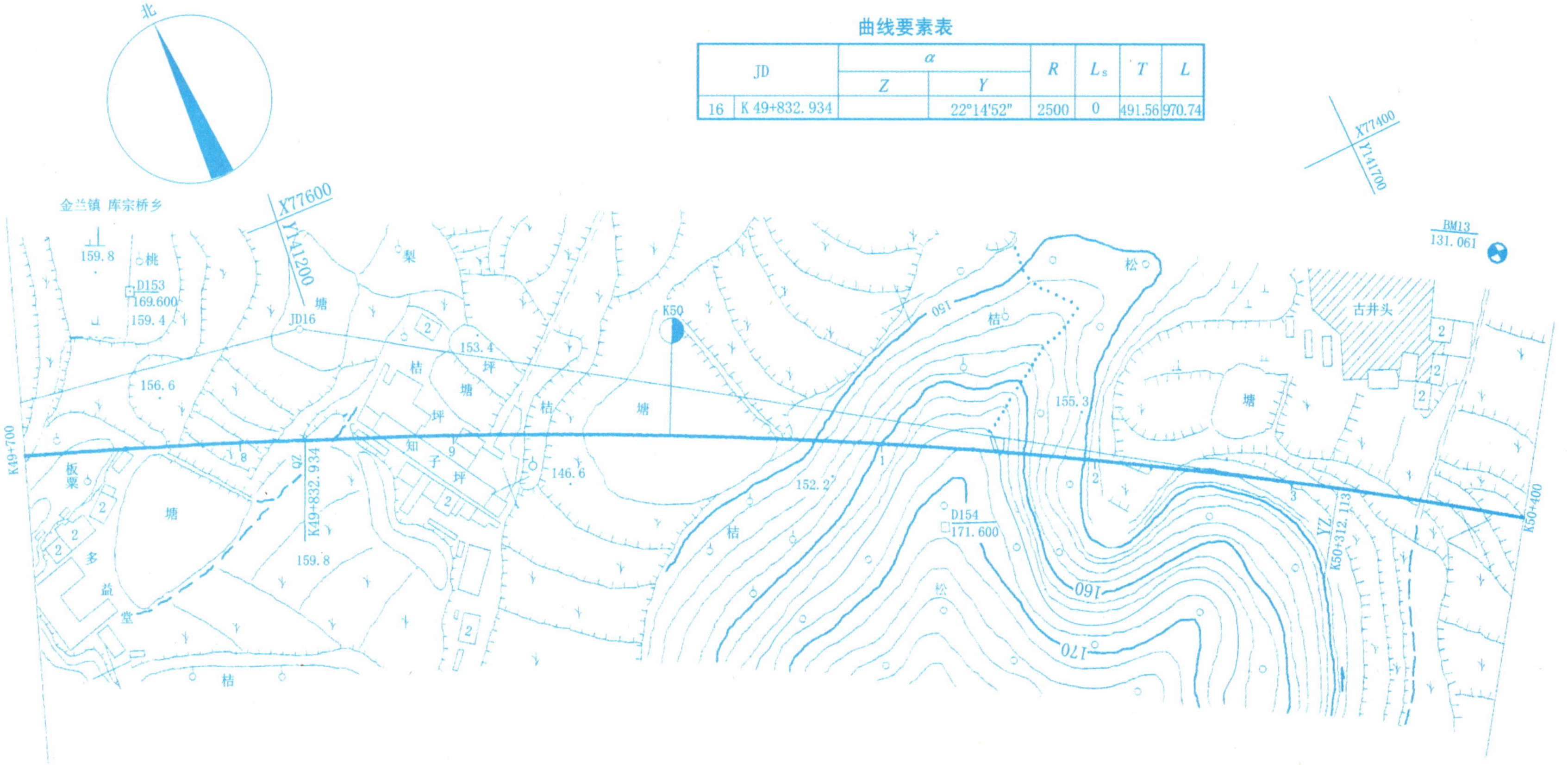

作业　路线平面图

一、图名

路线平面图。

二、目的

1. 熟悉路线平面图的表达内容和图示特点。

2. 了解绘制路线平面图的方法和步骤，熟悉现行国家标准《道路工程制图标准》中有关路线平面图的画法规定。

3. 掌握描绘路线平面图的技巧。

三、图纸

A3图纸。

四、内容

描绘上图所示的一段公路的路线平面图。

五、要求

1. 图框仍按教材表2.1和图2.1(c)绘制；标题栏仍与前面的作业相同，按教材图2.2(c)的格式绘制。

2. 路线中心线连接准确、光滑，等高线描绘光滑，地物、地貌描绘工整、清晰，图面整洁。

3. 字体工整，汉字用长仿宋体书写，同类线型线宽一致，符合现行国家标准《道路工程制图标准》的要求。

六、说明

1. 先描绘地形图，等高线按先粗后细的要求徒手画出。

2. 图中的房屋、指北针、坐标网等都用绘图仪器和工具绘制。

3. 交角点、水准点、导线点、曲线中点、曲线终点、公里桩、百米桩、曲线要素表等都需画出。

4. 加深时，道路中心线以加粗粗实线按先曲后直画出。等高线中的计曲线用中粗实线（线宽为粗实线的1/2）画出，其他的等高线用细实线画出。图中的各种细线的线宽为粗实线线宽的1/4。

作业　桥梁总体布置图

一、图名

××桥总体布置图。

二、目的

1. 熟悉桥梁总体布置图的图示特点。

2. 熟悉现行国家标准《道路工程制图标准》的一般规定和砖石、混凝土结构制图中的有关内容。

3. 掌握绘制桥梁总体布置图的方法和步骤。

三、图纸

A2图纸。

四、内容

参考右图和本习题集下页(第48页)给出的附图绘制这座桥梁的总体布置图：以1∶400的比例绘制立面图和平面图(若立面图和平面图都按对称图形采用只绘制左边一半视图的简略画法，比例用1∶200)，用1∶100的比例绘制1/2*A*—*A*和1/2*B*—*B*剖面图，说明仍需书写。本页和下页所给出的图样中的尺寸数字和标高数字、文字注释、说明都是正确的；但有些尺寸(包括标高尺寸)标注不当，还有一些尺寸标注不符合《道路工程制图标准》的规定。本页和下页所给出的附图，有多处(如形状、大小、画法、线型、符号、图名、比例等)画得不对，所有不当之处，都应更正。

五、要求

1. 图框仍按教材中表2.1和图2.1(c)绘制；标题栏仍与前面的作业相同，按教材图2.2(c)的格式绘制，不用设计单位的标题栏。

2. 要在读懂本页和下页的附图(包括尺寸)、看出图中的各种错误，并初步考虑正确表达的图样和尺寸标注之后绘制。

3. 绘底稿前应先均匀布置图面，先画出各个图样的对称中心线、作图基线；然后按所选用的比例、附图中的尺寸数字绘制各个图样的底稿，同时，改正图中的错误和缺点。

4. 绘图时要遵守现行国家标准《道路工程制图标准》的各项规定，如有不熟悉之处，必须查阅教材或标准。

六、说明

1. 建议图线的基本线宽(即粗线的线宽)*b*为0.7mm，按现行国家标准《道路工程制图标准》的规定，细实线为0.25*b*(约0.18mm)；中粗线为0.5*b*(约0.35mm)，如尺寸起止符用45°的粗短斜线，则采用中粗线绘制。同类图线应采用同样的线宽，不同图线粗细分明。尺寸箭头宜采用单边箭头表示。

2. 汉字应用长仿宋体书写，字母、数字用标准字体书写，图中的汉字和说明中的汉字、数字的字高为5mm，图名字高为7mm，桥台编号、剖切平面和剖面图编号的字高均为5mm，尺寸数字和标高数字的字高为3.5mm。

3. 拱圈的曲线轮廓线分别是同心圆弧，拱脚轮廓线是半径方向的直线，应按已知的弦长和矢高尺寸由几何作图定出圆心和半径后绘制。

4. 桥面结构在立面图中省略护栏，只画路面的外轮廓；在平面图中只画出护栏下部的轮廓线，护栏的扶手和扶手支座省略不画。

拱上构造立面图

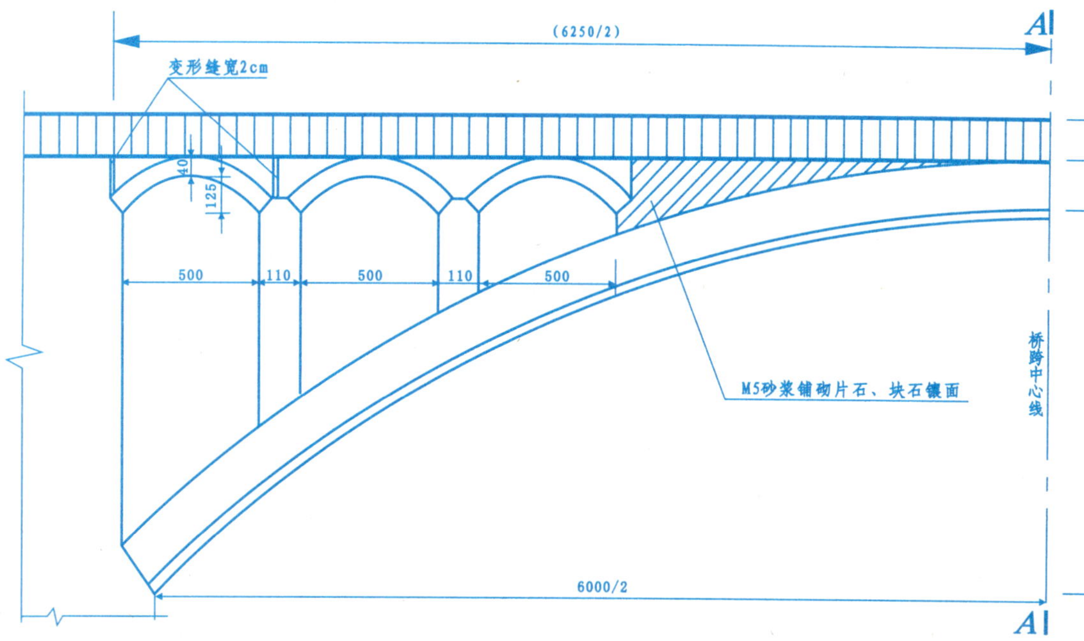

A—*A*

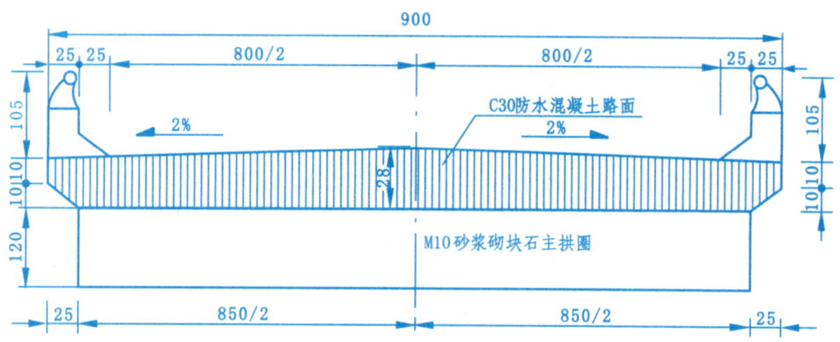

立面图

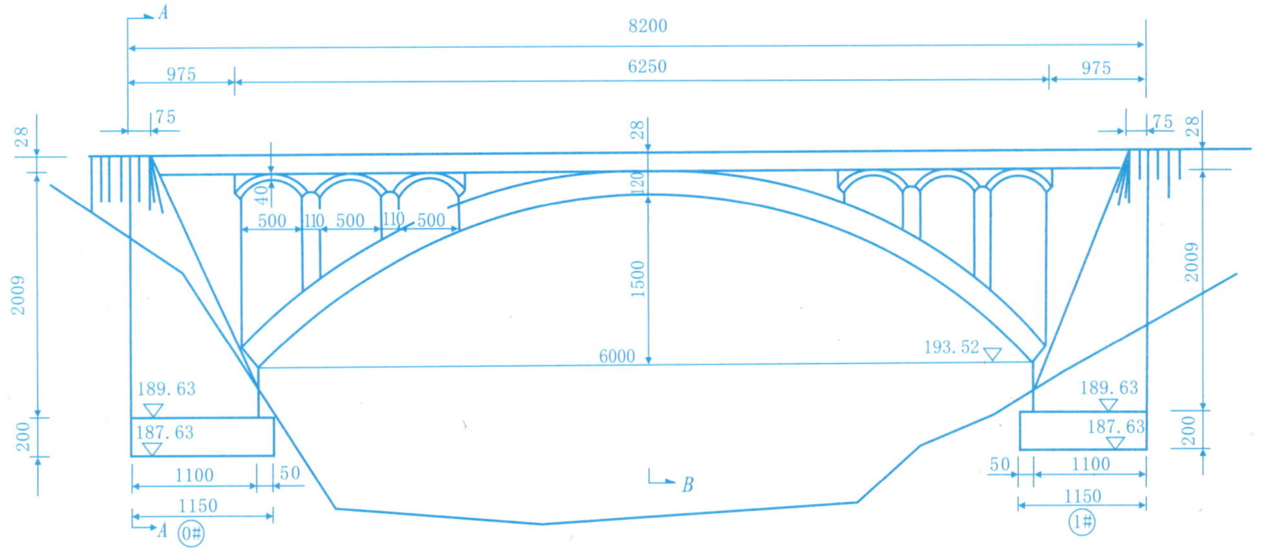

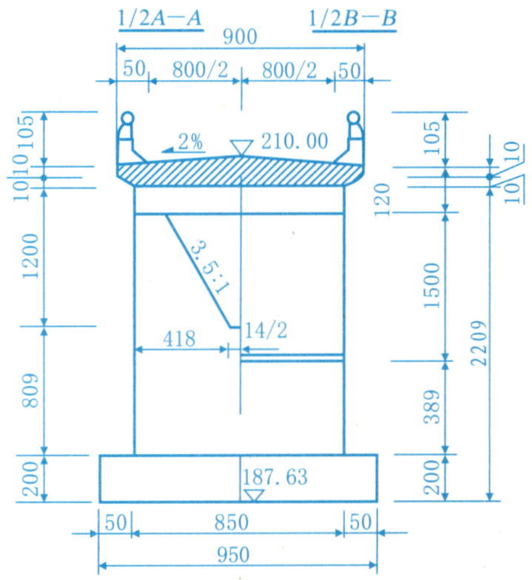

平面图

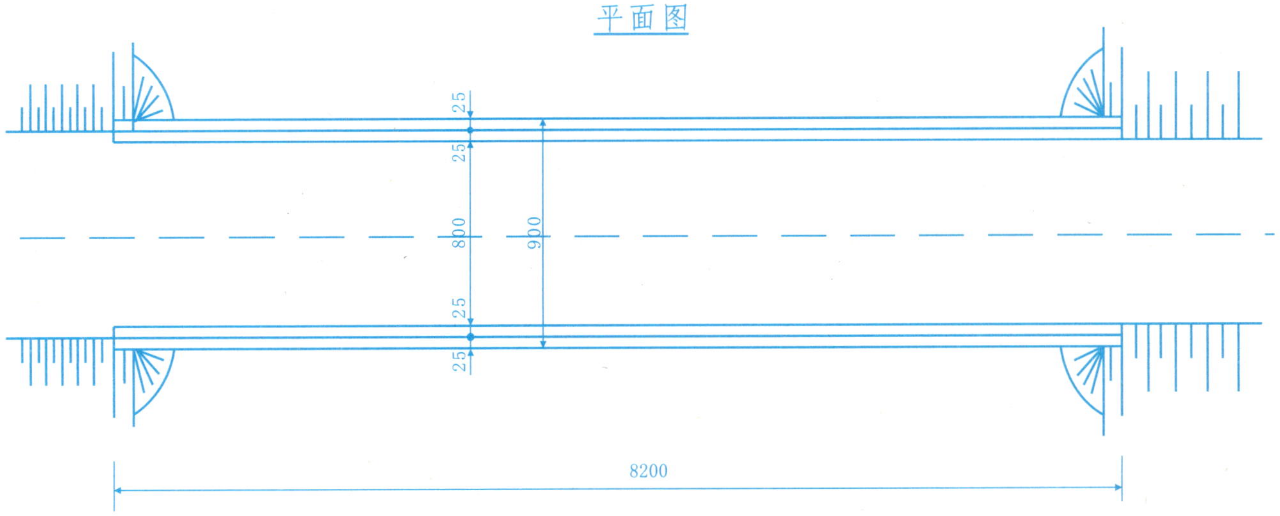

说明：
(1)本图尺寸除标高、桩号以米计外，其余均以厘米为单位。
(2)本图为道路中心线处标高。
(3)荷载标准：汽车—20级；挂—100级。

××交通勘察设计所	××线甲地至乙地二级公路××合同段	K95+202××桥总体布置图	设计		复核		审核	图号	C5-13-3

作业 涵洞工程图

一、图名

钢筋混凝土盖板涵。

二、目的

1．熟悉涵洞的一般构造图的图示特点。

2．掌握绘制钢筋混凝土盖板涵构造图的方法和步骤。

3．了解和初步掌握用计算机绘制土木工程图的方法和步骤（教师不要求学生用计算机绘制本作业时，无此要求）。

三、图纸

A3图纸。

四、内容

抄绘教材图3.120所示的钢筋混凝土盖板涵的一般构造图，比例如图中所示。

五、要求

1．图框仍按教材表2.1和图2.1(c)绘制，标题栏与前面的作业相同，按教材图2.2(c)的格式绘制，不用设计单位的标题栏。

2．要在读懂教材图3.120所示的钢筋混凝土盖板涵的一般构造图的全部内容后绘制。

3．作业应做到：图面布置匀称，投影正确，尺寸标注正确、齐全、清晰，图面整洁。

4．绘图时要严格遵守现行国家标准《道路工程制图标准》的各项规定，如有不熟悉之处，必须查阅教材或标准。

5．如用计算机绘制本作业，在上机绘图前应复习和掌握教材3.4.4.3节所述的内容。

六、说明

1．建议图线的基本线宽（即粗线的线宽）b为0.7mm，按现行国家标准《道路工程制图标准》的规定，细实线为0.25b(约0.18mm)，中粗线为0.5b(约0.35mm)。同类图线应采用同样的线宽，不同图线粗细分明。

2．汉字应用长仿宋体书写，字母、数字用标准字体书写。图中汉字的字高为5mm，图名字高为7mm，尺寸数字、标高数字字高均为3.5mm，比例数字的字高为5mm或3.5mm。

3．图中未注明尺寸处，如地面线、翼墙与洞身间的沉降缝宽度等，都按目估示意画出。

作业 隧道工程图

一、图名

隧道进口洞门设计图；建筑限界及净空设计图。

二、目的

1．熟悉隧道进口洞门设计图和建筑限界及净空设计图的内容和图示特点。

2．掌握绘制隧道进口洞门设计图和建筑限界及净空设计图的方法和步骤。

三、图纸

A3图纸。

四、内容

用1：100的比例抄绘教材图3.121所示的隧道进口洞门设计图，或用1：100的比例抄绘教材图3.122所示的建筑限界及净空设计图，具体内容由教师指定。

五、要求

1．图框仍按教材表2.1和图2.1(c)绘制，标题栏与前面的作业相同，按教材图2.2(c)的格式绘制，不用设计单位的标题栏。

2．要在读懂教材中的这两个设计图后才绘制。

3．作业应做到：图面布置匀称，投影正确，尺寸标注正确、齐全、清晰，图面整洁。

4．绘图时要严格遵守现行国家标准《道路工程制图标准》的各项规定，如有不熟悉之处，必须查阅教材或标准。

六、说明

1．隧道进口洞门设计图中的立面图、平面图、1—1剖面图、工程数量表、附注都需抄绘和抄写。由于绘图比例已放大为1：100，所以洞顶大样图无须抄绘，但洞顶大样所补充的内容应增加到1—1剖面图中去。

2．建议图线的基本线宽（即粗线的线宽）b为0.7mm，按现行国家标准《道路工程制图标准》的规定，细线为0.25b=0.18mm，中粗线为0.5b=0.35mm。同类图线应采用同样的线宽，不同图线粗细分明。建筑限界及净空设计图中的附注也要抄写在作业中。

3．汉字应用长仿宋体书写，字母、数字用标准字体书写。图名、表名、表内各列顶部的分栏标题（项目、单位、数量），附注的标题的字高为7mm，图中的注释、表中各列的项目名称与数据、附注的各条条文的字高都为5mm，尺寸数字、标高数字的字高为3.5mm，比例数字的字高为5mm或3.5mm。

4．图中未注尺寸处的图形，都按目估示意画出。